高等职业教育包装专业系列教材

纸包装前沿技术

肖志坚　赵威威　著

中国轻工业出版社

图书在版编目（CIP）数据

纸包装前沿技术/肖志坚，赵威威著. —北京：中国轻工业出版社，2021.12
ISBN 978-7-5184-3495-4

Ⅰ.①纸… Ⅱ.①肖…②赵… Ⅲ.①包装容器—包装纸板—技术发展—研究 Ⅳ.①TB484.1

中国版本图书馆CIP数据核字（2021）第082538号

责任编辑：杜宇芳
策划编辑：杜宇芳　　责任终审：张乃柬　　封面设计：锋尚设计
版式设计：霸州　　　责任校对：吴大朋　　责任监印：张　可

出版发行：中国轻工业出版社（北京东长安街6号，邮编：100740）
印　　刷：三河市国英印务有限公司
经　　销：各地新华书店
版　　次：2021年12月第1版第1次印刷
开　　本：787×1092　1/16　印张：10.75
字　　数：300千字
书　　号：ISBN 978-7-5184-3495-4　定价：49.80元

邮购电话：010-65241695
发行电话：010-85119835　　传真：85113293
网　　址：http://www.chlip.com.cn
Email：club@chlip.com.cn
如发现图书残缺请与我社邮购联系调换
181248J2X101ZBW

编委会成员

主　　任：肖志坚　赵威威　胡新根
成　　员：牛文兴　陈官田　岳　敏　杨青青　黄伟艺
　　　　　刘宏斌
参编人员：杨　云　李谷伟　孔伊昵　张志强　梅少敏
　　　　　蒋　君　邵云娜　林　哲　戴起乐　孔　真
　　　　　吴宣宣　赵威威　徐水芳　邵明秀　郑　泽
　　　　　吴丽莎

肖志坚

浙江东方职业技术学院数字工程学院副院长，硕士，技师、教授、高级工程师，浙江省"百千万"高技能领军人才工程第二层次——省拔尖技能人才、首批温州市高层次人才特殊支持计划高技能领军人才、浙江省高职高专专业带头人（包装印刷专业）、温州市肖志坚技能大师工作室领办人、温州市"551人才工程"第二层次、温州市公共政策研究团队"民营经济与职业教育"负责人、中国物流学会特约研究员、温州市科技产品评审专家、温州市政府采购评审专家、温州市包装印刷设计委员会副主任。2010年9月至2011年7月，作为国内访问学者到华南理工大学制浆造纸国家重点实验室访学工作一年；2014年6月参加浙江省教育厅组织的高等职业院校教师素质提高计划，到澳大利亚培训一个月。2013年被评为浙江省教科研先进个人（2011—2012）。2017年被评为浙江省民办学校优秀教师。

目前主要从事纸包装印刷产品设计与开发、纸包装教学及专业建设等相关工作。近年来，主持省厅级课题20多项，发表学术论文50余篇，出版专著3本，教材2本，专利30余项，20多次获奖。

另外受聘温州立可达印业股份有限公司省级研究院高级专家和浙江三浃包装有限公司高新技术顾问。

联系地址：温州市经济技术开发区金海三道433号 邮编：325000

E-mail：t7571231@163.com

电话：18958962663

赵威威

浙江东方职业技术学院信息传媒与自动化学院教师，硕士，讲师、印刷工艺师。目前主要从事产品包装设计与开发、包装工艺教学等相关工作。近年来，主持厅级课题1项，发表学术论文5篇，出版教材1本，专利10余项。

联系地址：温州市经济技术开发区金海三道433号 邮编：325000

E-mail：150121845@qq.com

电话：15888428339

前　言

　　瓦楞纸箱是现代商品最主要的包装材料之一，广泛应用于各类轻工业商品包装、流通、仓储等领域。瓦楞纸箱相对于其他包装容器而言，主要有原材料来源广泛、生产工艺相对成熟，具有良好的多项物理机械性能等优势。本书主要从六个方面探索分析瓦楞纸板、瓦楞纸箱的生产加工、成本控制、废次纸板回收利用及纸制品创意设计等。

　　第一章主要阐述瓦楞纸板（箱）减量化设计现状及关键技术，共分为七节：瓦楞纸箱减量化设计的研究现状、瓦楞纸板减量化设计——压楞系数选设及纸板成本影响、瓦楞纸箱减量化设计——箱体增强技术、瓦楞纸箱减量化设计——基于纸箱抗压强度设计优化、瓦楞纸箱减量化设计——基于环压强度选用瓦楞纸、瓦楞纸箱减量化设计——基于分散式结构设计、物流包装废次瓦楞纸箱的回收与环保的认识与思考。

　　第二章主要阐述预印瓦楞纸板箱认知和质量控制，主要分为五节：预印型瓦楞纸箱研发意义、瓦楞纸板结构及用料、瓦楞纸箱生产工艺、预印瓦楞纸板质量控制要素、质量体系构建及常见问题处理。

　　第三章主要阐述整体包装设计解决方案理论辨析与实践，分为四节：整体包装设计解决方案理论辨析、整体包装解决方案设计原则、包装方案设计与应用、性价比模型下的纸托盘评测。

　　第四章主要阐述瓦楞纸板柔印制版及印刷质量控制，分为三节：柔性树脂版制版及质量控制、瓦楞纸板柔印印刷压力控制、瓦楞纸板常用的技术指标检测、柔印瓦楞纸板常见质量问题。

　　第五章主要阐述立瓦楞纸板认识及废次纸板加工立瓦楞纸板，分为四节：高强立瓦楞纸板认识及工艺技术分析、基于性价比模型的高强瓦楞复合板瓦楞类型选用和评价、高强复合瓦楞纸托盘的生产工艺、废次瓦楞纸板加工纸托盘支撑脚实现方案。

　　第六章主要阐述纸作品创意与设计，分为三节：纸质家具创意与设计、包装盒创意与设计、纸工艺品创意与设计。

　　本书在撰写过程中得到了浙江三渼包装有限公司黄文艺总经理、刘宏斌主任和温州立可达印业股份有限公司陈官田经理的大力支持，同时也要感谢浙江东方职业技术学院领导的大力关心支持，最后要感谢浙江东方职业技术学院包装策划与设计专业的同学们的参与。书中的部分样品案例来自实际产品，部分操作流程来源于企业操作手册，同时作者在撰写过程中参考了有关瓦楞纸板（箱）生产、印刷、加工和检测的研究论文。书中若有疏漏及不当之处，敬请各位读者、前辈不吝赐教，以便今后不断学习和提高，撰写更加高质量的书籍。

肖志坚

2021 年 5 月于温州

目 录

第一章 瓦楞纸板（箱）减量化设计现状及关键技术

第一节 瓦楞纸板、纸箱减量化设计的研究现状 ………………………………… 1
第二节 瓦楞纸板减量化设计—压楞系数选设及纸板成本影响 ………………… 8
第三节 瓦楞纸箱减量化设计—箱体增强技术 …………………………………… 12
第四节 瓦楞纸箱减量化设计—基于纸箱抗压强度设计优化 …………………… 16
第五节 瓦楞纸箱减量化设计—基于环压强度选用瓦楞纸 ……………………… 20
第六节 瓦楞纸箱减量化设计—基于分散式结构设计 …………………………… 23
第七节 物流包装废次瓦楞纸箱的回收与环保的认识与思考 …………………… 26
参考文献 ……………………………………………………………………………… 28

第二章 预印瓦楞纸板箱认知和质量控制

第一节 预印型瓦楞纸箱研发意义 ………………………………………………… 30
第二节 瓦楞纸板结构及用料 ……………………………………………………… 31
第三节 瓦楞纸箱生产工艺 ………………………………………………………… 33
第四节 预印瓦楞纸板质量控制要素 ……………………………………………… 35
第五节 质量体系构建及常见问题处理 …………………………………………… 49
参考文献 ……………………………………………………………………………… 54

第三章 整体包装设计解决方案理论辨析与实践

第一节 整体包装设计解决方案理论辨析 ………………………………………… 56
第二节 整体包装解决方案设计原则 ……………………………………………… 58
第三节 包装方案设计与应用 ……………………………………………………… 58
第四节 性价比模型下的纸托盘评测 ……………………………………………… 66
参考文献 ……………………………………………………………………………… 69

第四章　瓦楞纸板柔印制版及印刷质量控制

第一节　柔性树脂版制版及质量控制 …………………………………………… 71
第二节　瓦楞纸板柔印印刷压力控制 …………………………………………… 77
第三节　瓦楞纸板常用的技术指标检测 ………………………………………… 82
第四节　柔印瓦楞纸板常见质量问题 …………………………………………… 89
参考文献 …………………………………………………………………………… 91

第五章　立瓦楞纸板认识及废次纸板加工立瓦楞纸板

第一节　高强立瓦楞纸板认识及工艺技术分析 ………………………………… 92
第二节　基于性价比模型的高强瓦楞复合板瓦楞类型选用和评价 …………… 99
第三节　高强复合瓦楞纸托盘的生产工艺 ……………………………………… 103
第四节　废次瓦楞纸板加工纸托盘支撑脚实现方案 …………………………… 108
参考文献 …………………………………………………………………………… 113

第六章　纸作品创意与设计

第一节　纸质家具创意与设计 …………………………………………………… 115
第二节　包装盒创意与设计 ……………………………………………………… 128
第三节　纸工艺品创意与设计 …………………………………………………… 147
参考文献 …………………………………………………………………………… 162

第一章 瓦楞纸板(箱)减量化设计现状及关键技术

第一节 瓦楞纸板、纸箱减量化设计的研究现状

低碳经济时代,采用减量化设计、生产加工瓦楞纸板、瓦楞纸箱符合国家长期国策,是绿色包装行业发展的重要趋势之一。所谓瓦楞纸箱减量化设计就是在保证瓦楞纸箱能满足保护产品性能完好的前提下,通过改变传统生产加工工艺、配料方法及包装容器结构设计等,降低原材料的使用量和生产加工成本。

一、瓦楞纸板、纸箱减量化设计背景

1. 纸包装行业的竞争微利化

瓦楞纸箱是现代商品最主要的包装容器之一,广泛用于现代商品物流的各个环节,包括商品储存、展示销售、运输防护等,对产品质量保护和产品销售起着不可估量的作用。但瓦楞纸箱行业也是一个高耗能产业,大量使用造成了资源浪费和环境污染,因此,积极推行包装减量化设计是产业发展的必然趋势。

中国从20世纪30年代初开始使用瓦楞纸箱作为外包装箱。在当时,所使用的外包装箱80%是木箱,纸箱仅占到20%左右;而到了20世纪的40年代末及50年代初的时候,纸箱使用比例上升到了80%。随着包装、物流、材料和机械行业的发展,如今90%以上的物流产品包装使用的是瓦楞纸箱。长三角地区是最近十年我国瓦楞纸箱行业发展最为迅速的地区。据国家统计局最新数据显示,2019年1～12月,全国机制纸及纸板产量12515.3万吨,同比增长3.5%。在经历了2018年的下跌后,成功实现反弹,仅次于2017年(12542万吨),是有统计以来产量第二高的年份。(https://www.sohu.com/a/368535447_174775)

近些年来,随着国内纸包装工业快速发展,瓦楞纸板、瓦楞纸箱生产量出现了局部过剩现象,且纸包装行业新产品的设计开发后劲不足、竞争白热化直接导致产品微利化。在此背景下,挖掘企业内部潜力、开发新产品,成为微利时代纸箱企业盈利的关键。

2. 节能减排是产业发展趋势

减量化包装的概念早在20世纪80年代就已提出,当时是伴随着绿色包装的概念提出来的。1987年,联合国环境与发展委员会发布的《我们共同的未来》一文中提出了绿色包装的概念。1992年,联合国环境与发展大会通过了《里约环境与发展宣言》,在全世界范围内掀起了以保护生态环境为核心的绿色浪潮,绿色包装应运而生。所谓绿色包装也称

生态包装，主要是指对生态环境和人体健康无害、无环境污染，能循环使用和再生利用，能节约能源及促进可持续发展的包装。发达国家针对绿色包装提出了3R1D原则，后来扩展到4R1D。所谓4R1D是指：Reduce，减少包装材料，反对过度包装的减量化原则；Reuse，可重复使用、不轻易废弃的有效再利用原则；Recycle，可回收再生，把废弃的包装制品回收处理并循环使用的原则；Recover，利用焚烧获取能源和燃料的资源再生原则；Degradable，可降解腐化，不产生环境污染的可降解原则。简而言之，绿色包装就是：既要确保包装的性能、质量，又要降低包装成本，减轻包装废弃物对环境的污染。在4R1D原则中，Reduce是首位，绿色包装的设计应以减量化原则为核心，这是减少污染、节约能源的关键。

2008年，中华人民共和国全国人民代表大会常务委员会通过了《中华人民共和国循环经济促进法》。西方发达国家发展循环经济一般侧重于再生利用，而我国的《循环经济促进法》坚持了减量化优先的原则，在总则中明确规定：发展循环经济应当在技术可行、经济合理和有利于节约资源、保护环境的前提下，按照减量化优先的原则实施。瓦楞纸箱行业作为高耗能的产业之一，积极推行减量化设计降低原材料和资源消耗势在必行，以符合国策和产业发展趋势。

二、常规瓦楞纸板生产工艺

目前，国内包装企业生产加工瓦楞纸板（箱）主要采用两种工艺，一是单面机生产单面瓦楞，然后通过裱胶机涂胶复合制板，再利用印刷成型设备加工制箱；二是使用多层瓦楞纸板生产线直接生产加工多层瓦楞纸板，并在线完成规格分切和压线，再利用印刷成型设备加工制箱。工艺流程如图1-1所示。

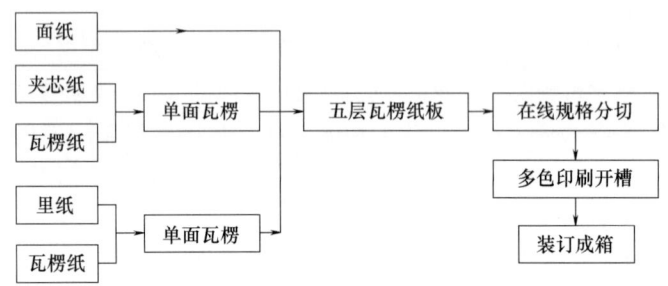

图1-1 传统瓦楞纸板生产加工工艺流程图

图1-1为传统瓦楞纸箱加工工艺流程。该工艺较为成熟，也是目前大部分纸箱企业制箱的主流工艺。但随着产业升级和包装工程技术人员的不断创新，该流程已有较大改进，主要是在此基础上逐步开发了减量化加工工艺技术。

三、减量化设计及加工

减量化设计生产加工瓦楞纸板（箱）是目前瓦楞纸板（箱）生产加工企业发展的重要方向之一。该方向在基本保证瓦楞纸板（箱）的物理机械性能不明显降低的前提下，适当降低原材料的使用量,实现了有效的环境保护,另一方面节约了生产加工成本,提高了企业竞争力。目前瓦楞纸箱减量化主要包括:瓦楞纸板减量化设计和加工,瓦楞纸箱减量化设计、工艺创新及质量控制,瓦楞纸箱衬材减量化设计等三大模块。

1. 瓦楞纸板减量化设计和加工

瓦楞纸板是瓦楞纸箱生产加工的主要原材料,并决定了瓦楞纸箱的生产成本,纸板减量化设计生产是纸箱包装减量化设计的关键。目前纸板减量化主要体现在瓦楞辊压楞系数优化设计、瓦楞辊材质选用、原纸轻量化选配、纸板层结构改进、局部复合加强技术等。

(1) 瓦楞辊压楞系数优化　瓦楞辊压楞系数是纸板成型的核心参数,其结构包括齿顶圆弧、齿沟圆弧及一定角度的切线,其结构参数直接决定了纸板加工过程中的瓦楞纸用量,国家GB/T 6544—2008规定了A、B、C、E四种瓦楞的取值范围,如表1-1所示,表中数值均为范围值。事实上,如果选取表1中的上下限值加工瓦楞纸板,其年产值将会有上百万的差异。因此优选压楞系数是瓦楞纸板减量化生产的一项重要工艺,需要纸箱生产企业高度重视,但同时也必须考虑到压楞系数对纸板性能的影响,做好必要的补偿设计。

表1-1　　　　　　　　　国内四种常用瓦楞基本技术参数

楞型	楞高 h/mm	楞数/(个/300mm)	楞宽 T/mm
A	4.5~5.0	34±3	8.0~9.5
B	2.5~3.0	50±4	5.5~6.5
C	3.5~4.0	41±3	6.8~7.9
E	1.1~2.0	93±6	3.0~3.5

(2) 瓦楞辊材质选用　瓦楞辊常用材质主要有两种,一种是普通合金钢,另一种是碳化钨合金钢。两者硬度、使用寿命及一次性投入成本差异较大,两者齿顶圆弧设计也有较大差异。通常,碳化钨瓦楞辊较尖,生产过程中耗胶量较普通型瓦楞辊要少得多,但在湿度较低的季节容易产生瓦楞顶部爆裂。生产企业可以根据季节和环境的变化,更换瓦楞辊生产加工,一方面可以优化瓦楞纸板质量,另一方面可以节约淀粉的用量,降低生产成本。

(3) 利用环压强度优化原纸配置　原纸是生产瓦楞纸板、瓦楞纸箱的主要原材料,原纸的优选非常重要,其性能和价格直接决定了加工成型后瓦楞纸板、瓦楞纸箱的物理机械性能和产品价格。据行业不完全统计数据显示:原纸成本一般占瓦楞纸箱成品价的60%左右。随着行业发展和物流成本的提高,低克重高强度配纸成为瓦楞纸箱业的发展主流趋势。同时为了实现定量化配纸和高效率配纸,包装设计人员根据商品性能防护要求,精确计算纸箱抗压强度及相关物理指标参数,再通过量化配纸系统精确配纸,实现原纸与物理性能要求最佳性价比。定量化、系统化精确配纸将是纸箱生产的发展趋势。

(4) 五层纸板改三层纸板　过去由于造纸的工艺技术不够先进,导致加工瓦楞纸板、瓦楞纸箱的原纸的耐破度、环压强度等物理技术指标偏低,很多时候选用较高克重的箱板纸和瓦楞纸,有些箱板纸克重可以达到250g/m²以上,成品五层瓦楞纸板综合克重达到1000g/m²以上。近年来随着纸浆纤维的原料选取技术的改进和上浆工艺方式的改变,箱板纸、牛皮纸和瓦楞纸质量较以前有大幅度的提升。

在此背景下，不少瓦楞纸箱生产加工企业将原五层瓦楞纸箱改成三层瓦楞纸箱，从而降低原纸的使用量，并通过高性能的瓦楞纸板生产线加工出瓦楞形状饱满、涂布防湿黏合剂的高强度瓦楞纸板。

（5）瓦楞纸板层结构改进　层结构改进是瓦楞纸板减量化设计和强度加强设计的新工艺。常见的有：增强夹心瓦楞、四层瓦楞纸板等。

增强夹心瓦楞。也称"瓦中瓦"，是以普通型二层、三层或五层瓦楞纸板作为面纸、里纸（板），在面里纸（板）之间夹入特殊排列结构的瓦楞纸板或纸管制成波纹型夹心层。该工艺充分利用了多方位支撑的力学原理，以最佳的力学结构整合成型，能有效地防止箱内物品破损。由于结构紧凑、无缝和可折叠、易成型等特点，很大程度上降低了包装成本。

四层复合瓦楞纸板。该类型纸板将两层瓦楞纸用黏合剂涂布和复合，在热和压力作用下轧制成楞，再与面层箱板纸板粘接制成坚固的四层瓦楞纸板，其瓦楞芯型是以双层芯纸粘接，再经瓦楞辊压制成型的双层拱形"蜂窝网"结构，其纸板具有较高的边压强度。在欧美及日本等国家，有较广泛使用。

（6）纤维复合技术和箱体局部增强　纤维复合技术和箱体局部增强实际上是两种工艺新技术，其一是纤维复合加强技术，其二是箱体增强技术。

纤维复合技术，根据"一种纤维强化复合瓦楞纸板"专利信息显示：该纸板，包括上面纸层、瓦楞纸芯层和下面纸层，所述上面纸层下表面与瓦楞纸芯层上表面之间设置有纤维加强层、无纺布防水层和第一牛皮纸层；所述上面纸层下表面与纤维加强层上表面粘接固定，纤维加强层下表面与无纺布防水层上表面粘接固定，无纺布防水层下表面与第一牛皮纸层上表面粘接固定，第一牛皮纸层下表面与瓦楞纸芯层上表面粘接固定；所述瓦楞纸芯层下表面粘接有第二牛皮纸层，所述第二牛皮纸层下表面与所述下面纸层上表面粘接固定。上述技术方案，结构设计合理、结构简单、强度高、不易变形、制造成本低。

所谓瓦楞纸箱局部复合加强技术，就是根据瓦楞纸箱堆码和抗压强度测试原理，对承重的箱体进行复合加强，提高其抗压承重效果，但是不增加纸箱摇盖厚度的工艺。该技术从改变纸板结构入手，在增加纸箱整体强度的同时，又能降低整箱用纸克重和纸板层数，为实现纸箱减量化提供了技术支撑，其流程设计如图1-2所示。

通过上述工艺和实际生产验证，在选择合适复合材料和复合工艺的前提下，采用瓦楞纸箱箱体局部加强复合技术，生产加工与传统工艺同抗压强度的瓦楞纸箱，可以节约10%以上的生产成本。

（7）拼单制板　瓦楞纸板拼单加工也是降低生产成本的重要工艺方式，这点在很多瓦楞纸板生产加工企业都已经得到了重视。假定一般瓦楞纸板生产企业拥有一条幅宽为1.8m的瓦楞纸板生产线，该公司往往只会采购0.9~1.8m的原纸生产加工瓦楞纸板，在生产前进行必要的拼单，使其幅宽在0.9m以上，最好接近上限1.8m，这样可以充分利用设备的加工能力。其次是在加工部分幅宽较小的瓦楞纸板时，为了减少瓦楞辊磨损不均匀，要求操作人员两边生产加工，延长瓦楞辊使用寿命。

（8）改进配胶工艺　淀粉黏合剂是瓦楞纸板黏合成型的关键辅料之一，其配方和黏合质量直接决定了纸板成型后的黏合强度，同时也影响到纸箱成型后的抗压强度等物理性

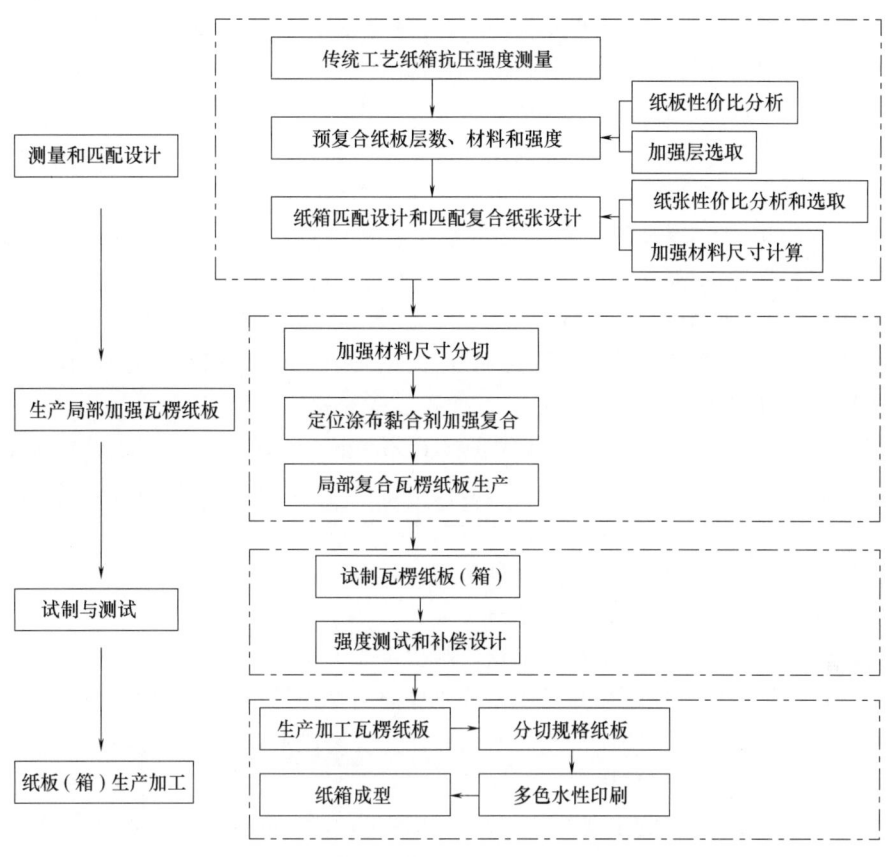

图 1-2　局部复合型瓦楞纸箱生产工艺流程

能。调整黏合剂的配置工艺和黏合效果，一方面可以控制黏合剂的投入成本，另一方面可以提高纸箱的抗水性能和其他物理强度。

目前国内瓦楞纸板生产加工用的淀粉黏合剂制备的工艺主要采用霍尔斯坦法。该方法也叫三步法，制备的设备主要包括载体罐和主体罐两部分。载体罐主要用于载体黏合剂的制备与加工，主要成分包括一定量的淀粉、水、氢氧化钠等，通过搅拌器将淀粉搅拌，使淀粉颗粒分散在水中，再均匀地滴氢氧化钠溶液，实现淀粉糊化，最后制得半透明拉丝状、具有较强黏稠度的熟化载体胶水。其次是主体罐，主要通过水、淀粉、硼砂等材料，在大功率搅拌器的搅拌下，制成均匀分散的乳白色生淀粉悬浊液。其三就是将载体黏合剂混合到主体胶罐中，经过搅拌后，最后形成半生半熟的淀粉黏合剂，供瓦楞纸板生产线使用。

按此工艺生产加工的淀粉黏合剂在使用的过程中存在一定的缺陷，其一因该淀粉黏合剂是半生半熟状态的，在经过瓦楞纸板生产线使用循环后，淀粉会逐渐熟化，使得淀粉黏合剂的黏度不断下降，影响涂布效果。其次使用该工艺配制的淀粉黏合剂生产加工的瓦楞纸板、瓦楞纸箱在仓储环境变化时，容易受到环境的温湿度变化影响，而容易吸收水分。因此现在配制的淀粉黏合剂往往在配制的过程中添加很多的助剂，以提升淀粉黏合剂的抗水性，提升其制板后的抗潮型。淀粉黏合剂的性能的提升，一定程度上降低了因淀粉的返潮吸湿对纸板物理机械性能的影响。

(9) 新型废旧纸板二次回收重新使用 瓦楞纸板经过印刷、成型加工后，制成了瓦楞纸箱，经过商品包装流通、仓储等过程后，瓦楞纸箱变成了废纸箱，很多时候直接变成废次品卖到造纸厂直接造纸回收，很少被二次加工利用。

近年来，随着新产品的开发，尤其是蜂窝纸板和高强度复合立瓦楞纸板等新产品的开发，使废次瓦楞纸板二次重新使用成为可能。通过专利查询和网络搜索可以查到，西北农林科技大学发明了"一种废纸箱再生瓦楞纸板机械装置"，专利号 CN201620045651.7；四川长虹电器股份有限公司发明了"高强竖瓦楞纸板及其制造工艺"，专利号 CN200910311415.X；陈毅辉等同志发明了"瓦楞纸板及其制造方法"，专利号 CN200810070945.5；文定桥等同志发明了"一种废旧纸板的再生技术"，专利号 CN03118232.1；肖志坚等同志发明了"一种高强度瓦楞纸板"，专利号 201721808274.9；"采用废次瓦楞纸箱、瓦楞纸板加工成型的立瓦楞纸板"，专利号 201720174659.8。诸多利用废次瓦楞纸板、纸箱二次加工和利用的技术创新为废次纸板、纸箱的二次利用提供了可能性。随着大批量的废次瓦楞纸板、瓦楞纸箱二次或多次使用成为现实，瓦楞纸箱行业的减量化设计与生产也将形成另一种减量化发展趋势。

2. 瓦楞纸箱减量化工艺及质量控制

瓦楞纸箱设计和生产加工也是减量化控制的重要流程。瓦楞纸箱箱型如何选择、结构如何设计、瓦楞纸箱印刷和模切开槽成型等质量控制是否得当等均直接影响到纸箱成型后的物理强度。反之，生产加工质量控制不当，往往会高成本且不一定有高质量。

(1) 箱型结构选用 根据国际箱型标准及省料理想尺寸比例，目前纸板和纸箱结构共有9大系列，其中02～07为主要纸箱箱型结构图，01和09为纸板和衬垫结构图。不同箱型生产加工耗材料不同，成型后的纸箱结构强度差异也较大。比如同规格的0201型和0320型两种纸箱，其成型后的抗压强度前者只有后者的60%。这要求包装师在设计时，必须精确计算，得出最佳的用料成本和纸箱物理强度的性价比。在实际加工过程中，纸箱四个面是一页成型，还是两页成型，需要的接口材料也有差异，一旦工业批量化生产时，对成本的影响就较为明显。

(2) 结构尺寸优化设计 在商品运输过程中，为确保商品的适度包装，可以从内包装商品的排列数、排列方向及纸箱的内外尺寸等方面进行优化设计。包装结构设计人员在设计瓦楞纸箱结构尺寸时，应该首先要做到人性化设计，也就是说最后成型的纸箱外观尺寸应该适宜搬运和堆放；其次必须了解纸箱各边的尺寸比例对纸箱强度的影响。表1-2列出了纸箱长宽比对纸箱抗压强度的影响；表1-3列出了纸箱高度变化对纸箱抗压强度的影响。

表 1-2　　　　　　　　　　长宽比对纸箱抗压强度的影响

纸箱的长宽比	1∶1	1.1∶1	1.2∶1	1.3∶1	1.4∶1	1.5∶1	1.6∶1	1.7∶1	1.8∶1	1.9∶1	2∶1
抗压强度/%	96	98.5	100	101.2	101.5	101	98.6	96	92.7	84	80

表 1-3　　　　　　　　　　高度对纸箱抗压强度的影响

纸箱高度/mm	100	150	200	250	300	400	500	600	700	800	900
抗压强度/(%/%)	120	112	108	103	100	99	101	100	102	101	99

(3) 瓦楞纸箱印刷和模切开槽成型等 瓦楞纸箱印刷、模切、开槽等加工对纸板物理性能都有一定程度的影响，这就需要设计人员了解纸箱的印刷加工流程和图文再现原理等。纸箱印刷加工方面主要体现在印刷方式的选择、图案设计、色数设定、印刷版材及印刷设备等。纸箱的成型加工主要体现在模切板的设计、模切反弹橡皮的定位和使用量、压线深度、开孔位置等。

3. 瓦楞纸箱衬材减量化设计

瓦楞纸箱衬材减量化设计也是控制成本的一个重要方面。常见的有：使用瓦楞托盘、瓦楞纸箱内部缓冲材料使用蜂窝纸板替代传统的发泡 EPS 和木板，重型包装采用局部加强瓦楞护角，内装物采用分散式缓冲衬垫等工艺技术。

(1) 使用瓦楞托盘 托盘是集结、堆存货物以便于装卸和搬运的水平板，是目前商品运输最常见的工具之一，广泛用于物流商品搬运中。常见材质有木质、金属、塑料及纸质等。近年来，瓦楞托盘的兴起，有效替代了木质托盘，减少了木材的消耗量，也拓宽了瓦楞纸板的应用领域。瓦楞托盘主要是对商品的底部和侧面进行保护，且使集装商品便于堆码，其余部分采用塑料薄膜包裹或其他的捆扎方式，这样可以减少 60% 甚至更多的纸板用量，且具有可见性、透气性，广泛用于碳酸饮料、矿泉水、啤酒等商品的集装包装。

(2) 内衬使用蜂窝纸板替代发泡 EPS 和木板 瓦楞纸箱内部缓冲材料使用蜂窝纸板替代传统发泡 EPS 和木板，降低包装成本，目前广泛应用于电器包装等。典型案例有，格力柜式空调产品包装以蜂窝纸板为主体材料，配以纸护角和 EPE 有机组合。EPE 结构改进了蜂窝纸板缓冲强度不够而造成空调柜机顶盖、底座破损变形等一系列问题；纸护角改进了蜂窝纸板边压强度不够而造成柜机侧板后板以及面板变形等一系列问题。实现了用较低成本，达到更高效的产品保护，同时车间装配更简单、更容易，生产效率更高。据不完全统计，格力空调包装通过采用蜂窝纸板替代 EPS 发泡塑料与木板的组合包装，成本降低约 30%，到 2010 年每年需求蜂窝纸板超过 4,000 万平方米。

(3) 纸箱护角、瓦楞纸箱内部缓冲衬垫采用分散式设计 分散式缓冲衬材设计是典型的内衬减量设计方式之一，目前广泛应用于电子产品包装、奶制品包装以及需要较好防护的商品包装。设计师将传统的整体防护式改为分散式局部防护，在大大减少原材料使用的基础上，实现同样的缓冲减振效果和较低的包装成本。

典型案例：格力空调原来的内部缓冲材料为全面保护式缓冲包装，耗材高、成本高。后来经过包装设计人员的改进和多次跌落缓冲测试，将原来的整体式包装改为八块小的 EPS 材料分割式包装来缓冲减振，减少了 50% 的 EPS 用量。包装工程师对结构在不增加材料成本的前提下，通过合理地加筋加圆角等使得产品本身结构强度得到保证。

四、结语

(1) 展望减量化设计加工 采用减量化设计生产瓦楞纸板（箱）及内衬等，是当前乃至今后纸包装产业重要的发展趋势，符合国策和环境保护的需要。目前纸板（箱）的减量化设计和生产工艺技术的革新还处于发展的初级阶段，需要更多的包装技术人员根据瓦楞纸板（箱）生产加工工艺、纸箱物理强度设计理论及缓冲材料设计理论进行优化设计。相信今后还会有更多的新技术、新工艺的产生，也会为行业的发展提供更好的机会。

(2) 设计组合式方案，服务社会　包装技术人员不应该只局限于某一项优化设计方案，而应该将现有的和将来新开发的工艺技术进行总结和提炼，归纳出一套组合式的、能够真正工业化生产的系列优化方案，服务于企业、行业和社会。

第二节　瓦楞纸板减量化设计—压楞系数选设及纸板成本影响

瓦楞纸箱是现代商品生产流通中必不可少的包装容器之一，具有轻便、牢固、环保、保护商品、便于装卸运输等多种特点，被广泛应用于家用电器、纺织品、食品等商品包装。随着近年轻工业的高速发展，瓦楞纸箱的生产和消耗逐年增长，根据中国包装联合会纸制品包装委员会统计数据显示：国内瓦楞纸板、纸箱生产企业超万家，上百家纸板生产企业拥有两条以上的瓦楞纸板生产线。急剧增加的生产加工企业直接导致了行业竞争白热化，有效挖掘企业内部潜力、控制生产成本，成为微利时代瓦楞纸箱企业盈利的关键。

一、国家标准认识

阅读国标 GB/T 6544—2008 瓦楞纸板规定，可以清楚地获悉国内四种常用瓦楞（A、B、C、E）的基本技术参数，如图 1-3 和表 1-1。

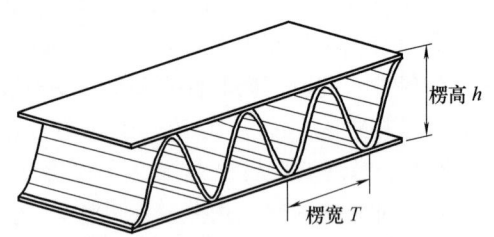

图 1-3　瓦楞楞型结构及尺寸示意图

国标 GB/T 6544—2008 瓦楞纸板规定中给出了国内常用的四种楞型的工艺参数，但仔细观察会发现以上四种不同瓦楞类型的参数均为范围值，而非具体固定数值，也就是说实际产品实测参数在以上范围内就可以认为是符合国标的合格产品。然而实验和生产数据显示，当选用每 30cm 长度范围内瓦楞密度为规定的上下限值时，即 37 楞/30cm 和 31 楞/30cm，其生产过程中消耗瓦楞原纸量是完全不同的，也就说纸板的生产成本存在差异。为了较好地、定量地了解选用不同压楞系数对纸板生产成本的影响，我们以 A 型瓦楞为例，根据瓦楞设计原理和常用瓦楞形状进行压楞系数理论计算，探讨纸板生产企业一年内使用国标范围上下限数值生产加工瓦楞成本差异。

二、压楞系数理论计算

以 A 型瓦楞为例，结合国标 GB/T 6544—2008 取值范围，分四组数据计算瓦楞辊压楞系数值，如表 1-4。

表 1-4　　　　　　　　　　　　　　四组 A 型瓦楞取值

参数 组别	高度/mm	楞数/(个/300mm)	楞宽 T/mm
1 组	4.5	31	9.68
2 组	5.0	31	9.68
3 组	4.5	37	8.11
4 组	5.0	37	8.11

结合瓦楞类型和瓦楞曲线设计原理，取一个周期的中间点建立坐标，绘制瓦楞楞型示意图，如图 1-4 所示，基本结构主要由齿顶圆弧（半径 R_1）、齿沟圆弧（半径 R_2）及一定角度的切线组成。

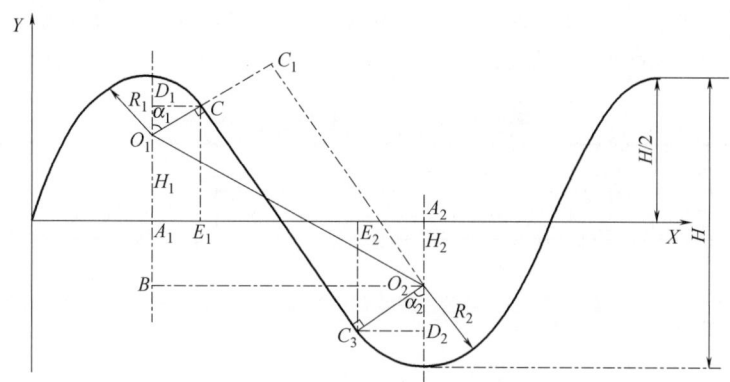

图 1-4　瓦楞楞型参数示意图

可以利用式（1）准确计算出 γ；

$$\gamma = L/T \tag{1}$$

式中：L 为一个周期的瓦楞周长；T 为楞宽。

结合图 1-4，式（1）可以转换为：

$$\gamma = (2CC_3 + L_{R_1} + L_{R_2})/T \tag{2}$$

式中：L_{R_1} 为齿顶圆弧弧长；L_{R_2} 为齿沟圆弧弧长；CC_3 切线长。

$$CC_3 = [(H_1 + H_2)^2 + (T/2)^2 - (R_1 + R_2)^2]^{1/2} \tag{3}$$

式中：H_1、H_2 分别为齿顶圆弧、齿沟圆弧圆心到 X 轴的距离。

$$L_{R1} = 2\alpha_1 \cdot \pi R_1/180° \tag{4}$$

$$\alpha_1 = 180° - \angle O_2 O_1 B - \angle O_2 O_1 C \tag{5}$$

$$L_{R1} = 2\left[180° - \arctan\frac{T}{2(H_1 + H_2)} - \arccos(R_1 + R_2)/O_1 O_2\right]\pi R_1/180° \tag{6}$$

同理：

$$L_{R2} = 2\alpha_2 \cdot \pi R_2/180° \tag{7}$$

根据图 2，结合平行线的性质，可知 $\alpha_1 = \alpha_2$，那么：

$$L_{R2} = 2\left[180° - \arctan\frac{T}{2(H_1 + H_2)} - \arccos(R_1 + R_2)/O_1 O_2\right]\pi R_2/180° \tag{8}$$

通过瓦楞辊设计原理和国内常用中低速瓦楞辊的参数指标，可以查到：$R_1 = 1.45$mm，$R_2 = 1.85$mm，利用公示（2）、(3)、(6)、(8) 可以方便地计算出四组瓦楞辊

压楞系数值 γ，如表1-5。

表1-5　　　　　四组A型瓦楞取值对应 γ 值

参数 组别	高度/mm	楞数/(个/300mm)	γ
1组	4.5	31	1.431
2组	5.0	31	1.502
3组	4.5	37	1.614
4组	5.0	37	1.682

事实上，当齿顶圆弧 R_1 发生改变时，其压楞系数也在改变，计算数据显示齿顶圆弧增加0.1，压楞系数要增加近1%，意味着耗纸量也要增加1%，同时随着齿顶圆弧的增加，耗胶量也会相应的增加，如表1-6。

表1-6　　　　　齿顶圆弧 R_1 变化时对应的 γ 值

齿顶圆弧/mm	1.2	1.3	1.4	1.5
γ	1.491	1.502	1.510	1.519

三、生产成本案例分析

设某个瓦楞纸板生产企业，一条瓦楞纸板生产线批量生产A型3层瓦楞、B型3层瓦楞、AB型5层瓦楞纸板，常年报表统计面积比为1∶1∶1，生产实行两班制，每天共工作20h，设备采用国内常用设备京山轻机，生产平均速度（V）为120m/min，幅宽（D）2m，并假定生产中幅宽为满负荷利用，瓦楞纸为国内常用定量（g）120g/m² 的高强度瓦楞纸，单价（p）2500元/t，我们通过压楞系数（γ）取上下极限值（1.431、1.682）来计算一年内对生产成本带来的影响。

生产成本差异分析

$$S_{年产} = V \times D \times 60(\min) \times 20(h) \times 365(天)$$
$$= 120 \text{m/min} \times 2\text{m} \times 60\min \times 20h \times 365(天)$$
$$= 1.0512 \times 10^8 (\text{m}^2)$$

分别取压楞上下限值 $\gamma_{下限}$：1.431、$\gamma_{上限}$：1.682

$$\Delta S_{瓦楞} = 2/3(S_{年产} \times \gamma_{上限} - S_{年产} \times \gamma_{下限})$$
$$= 2/3 \times 1.0512 \times 10^8 \times (1.682 - 1.431)$$
$$= 1.759 \times 10^7 (\text{m}^2)$$

结合瓦楞纸定量（g）和单价（p），其年差价（ΔP）：

$$\Delta P = \Delta S_{瓦楞} \times g \times p$$
$$= 1.759 \times 10^7 \text{m}^2 \times 120\text{g/m}^2 \times 2500元/t$$
$$= 5.277 \times 10^6 (元)$$

选用压楞上下限系数（γ）进行生产加工，年生产成本差异竟达到500多万元。

四、物理性能对比分析

压楞系数不同,生产成本差异巨大,会不会影响到纸板的物理性能呢?下面我们选择 A 型瓦楞纸板的上下压楞系数的纸板进行常规物理性能对比。

(1)试样选取　考虑到压楞上下限系数属于理论设计值,实验中无法取得上下限压楞系数(γ)的同工艺纸板进行常规物理性能测试对比,只能选择实际生产中同样楞型的 γ 值差异较大的样品替代,表 1-7 为不同 γ 值的 A 型瓦楞纸板的常规物理性能检测对比结果。

表 1-7　　　　不同 γ 系数同材料 A 瓦楞纸板性能对比

材质/(g/m²)	压楞系数(γ)	耐破度/kPa	戳穿/J	边压/(kN/m)	平压强度/(kPa)
面纸:200 瓦楞:150 里纸:200	γ_1(1.59)	850	7.27	3.49	55.6
	γ_2(1.48)	849	7.13	3.40	54.5
面纸:200 瓦楞:120 里纸:150	γ_1(1.59)	735	6.45	3.18	50.4
	γ_2(1.48)	735	6.38	3.10	49.5
面纸:150 瓦楞:110 里纸:127	γ_1(1.59)	580	5.67	2.78	45.4
	γ_2(1.48)	580	5.58	2.71	44.5

(2)测量对比　按照国标对样品进行处理后,分别对纸板的耐破度、戳穿强度、边压强度和平压强度进行测试,测量值如表 1-7 所示。

实验结果表明同材料的纸板四大常用指标数据中耐破度无明显变化,事实上瓦楞纸板楞型变化对耐破度几乎无影响,戳穿强度、边压强度和平压强度都有变化,但幅度不大,除非客户有明确的要求,一般情况下能够满足客户要求。

五、结论

① 瓦楞纸板压楞系数(γ)是瓦楞纸板生产加工过程中的一个极其重要的技术参数,在纸板成型、原纸消耗和黏合剂使用量上起到了关键性的作用,作为企业生产技术管理人员必须深刻地了解该参数的重要性。

② 为了较好地控制瓦楞纸板生产成本,在国标 GB/T 6544—2008 瓦楞纸板工艺技术参数规定的基础上,选择较小的压楞系数(γ)作为瓦楞辊的设计参数,这样既可以降低生产成本又可以满足国标基本要求。

③ 为了高质量地满足部分特殊要求的客户,尤其是对瓦楞纸板(箱)物理性能有特殊要求的客户,生产企业应该先打样测试后再批量生产;或者通过日常生产积累不同材料瓦楞纸板的物理指标测量结果,建立数据库,当客户提出特定要求时,可以通过改变材料弥补压楞系数 γ 带来的影响。

第三节 瓦楞纸箱减量化设计—箱体增强技术

低碳经济时代,采用减量化设计生产加工瓦楞纸板(箱)是绿色包装行业发展的重要趋势。所谓瓦楞纸箱减量化设计就是满足有效保护内装产品性能完好的前提下,通过改变原纸配料、结构设计及生产工艺技术等多个方面,降低原材料使用量和生产成本。在瓦楞纸箱减量化设计众多方案中,采用瓦楞纸板局部增强技术是瓦楞纸箱减量化设计的典型工艺之一。该工艺从改变纸板结构入手,在确保纸箱整体强度的同时,一定程度上降低整箱用纸重量,为实现纸箱减量化提供了技术支撑。

一、生产工艺

1. 传统型纸箱生产工艺

传统型多层瓦楞纸箱批量化生产主要是利用多层瓦楞纸板生产线一次性制板,在线完成规格分切,再利用多色水性印刷开槽切角机完成印刷、开槽、压线、切角等工艺,最后制成成品瓦楞纸箱。

2. 局部复合型瓦楞纸板(箱)工艺设计

(1) 工艺设计原理目的 传统型瓦楞纸箱六个面均为相同层数和厚度的瓦楞纸板,若要增加纸板或纸箱物理强度,尤其是纸箱抗压强度和堆码强度,必须通过增加纸张克重或纸板层数来实现。以0201型瓦楞纸箱为例,分析包装商品后的储存和堆码发现,纸箱箱体部分在商品流通和储存环节中对内装物的防护和承重起到了至关重要的作用,而箱底和箱面影响较小,故通过提高整箱用料克重和增加层数来提高纸箱强度的传统加工工艺,从某种程度上讲是一种材料浪费。在此基础上,提出了采用瓦楞纸箱箱体局部复合加强工艺技术生产加工高强度瓦楞纸箱。

(2) 生产工艺设计 瓦楞纸箱箱体局部复合加强工艺是对瓦楞纸箱主承压面进行局部复合的一种减量化设计工艺,其工艺流程如图1-2所示。整个流程分为两大阶段,第一阶段是测量传统工艺纸箱抗压强度,并匹配设计待复合纸板和复合材料;第二阶段是根据匹配设计用料进行生产加工箱体局部复合的瓦楞纸板。

二、瓦楞纸箱抗压强度设计模型

瓦楞纸箱抗压强度是指将瓦楞纸箱放在压力试验机两板之间,加压至纸箱压溃时的最大负荷,用N或KN表示。瓦楞纸箱抗压强度是纸箱能够承受来自上方最大的承载能力,该技术指标是纸箱设计和制作的最重要的技术指标,直接影响到纸箱堆码高度和对内装物的防护能力。目前瓦楞纸箱抗压强度设计主要采用K. Q. Kellicutt公式:

$$P = P_x \left[\frac{(ax_z)^2}{(Z/4)^2}\right]^{1/3} ZJ \tag{1}$$

其中 P_x、ax_z、Z、J 分别为纸板综合环压值、瓦楞常数、瓦楞纸箱周长、纸箱常数,其中纸箱常数和瓦楞常数随瓦楞楞型而定。由公式(1)可知:当纸箱规格和瓦楞类型确定的前提下，纸板综合环压强度与纸箱抗压强度成正比。纸板综合环压强度 P_x 可以根据下列公式计算：

$$P_x = (\sum R_l + \sum R_m \gamma)/100 \tag{2}$$

公式中 R_l 为箱纸板、夹层的环压强度，R_m 为瓦楞原纸的环压强度，γ 为瓦楞压楞系数，即压制单位长度的瓦楞芯纸所需的瓦楞原纸。

由公式（1）、（2）可知，要想两种工艺生产的同规格和型号的瓦楞纸箱具有相同的抗压强度，$P1=P2$，必须满足：

$$P_{x1}\left[\frac{(ax_{z1})^2}{(Z/4)^2}\right]^{1/3} ZJ_1 = P_{x2}\left[\frac{(ax_{z2})^2}{(Z/4)^2}\right]^{1/3} ZJ_2 \tag{3}$$

$$P_{x1}(ax_{z1})^{2/3} J_1 = P_{x2}(ax_{z2})^{2/3} J_2 \tag{4}$$

实验中选取三层 A 型瓦楞纸板局部复合替代五层 AB 型瓦楞纸板，由 K. Q. Kellicutt 公式常数表可以查到：A、AB 型瓦楞纸板 ax_z 分别为 8.36 和 13.36，$J_1 = J_2 = 1.10$。可得：

$$P_{x2} = P_{x1}(ax_{z1}/ax_{z2})^{2/3} = 1.367 P_{x1} \tag{5}$$

因此可以认为只要能够保证复合后纸箱箱体的综合环压强度是传统工艺瓦楞纸箱的箱体综合环压强度 1.367 倍，就可以实现两种不同工艺的纸箱在流通过程中具有相同的抗压强度和堆码强度。

三、局部复合工艺关键技术

1. 局部复合加强方案设计

选择合适部位和合适方式进行复合加强是有效提高瓦楞纸箱抗压强度及堆码强度的关键。实验以 0201 型瓦楞纸箱为研究对象，设计两种箱体复合工艺，一是箱体整体复合加强法，二是四棱局部复合加强法。前者属于连续性复合，生产工艺容易实现机械化、批量化作业；后者属于间断性复合，批量化生产有一定的难度，需开发配套的复合设备，但成本控制和强度改进效果优于前者。

（1）箱体整体复合加强法　根据 K. Q. Kellicutt 公式（1）可知，纸箱箱体综合环压强度直接决定了纸板边压强度和纸箱抗压强度，且当箱型和楞型一定的情况下，与纸箱抗压强度成正比。箱体复合加工工艺就是对纸箱承重主体部分——纸箱箱体一周进行复合加强，在有效提高纸箱箱体综合环压强度的同时，并不增加纸箱上下摇盖用料，同时该复合工艺属于连续型局部复合，适合工业化批量生产，是较易实现的局部复合加工工艺。

（2）箱体局部复合加强　箱体局部复合加强工艺主要是结合纸箱抗压强度测试原理，且充分考虑箱体不同部位在承压过程中作用不同的机理而设计的工艺方案。该方案主要包括箱体四棱加强复合和四角局部加强复合等工艺，极大地节省了复合纸张，同时还可以根据纸张纤维方向进行横纵向复合，更加突出了生产成本与抗压、堆码强度的性价比。通常箱板纸纵向环压强度是横向环压强度的 1.1～1.2 倍。但该工艺与第一种复合工艺方法相比，存在一定的不足，主要体现在未复合处耐破度、戳穿强度、平压强度等方面改进有限，且复合加强相对分散，不利于批量机械化生产加工，往往用于设计制作内包装缓冲衬垫。

2. 强度匹配设计

（1）**强度匹配计算**　由瓦楞纸箱抗压强度设计模型可知：只要能够保证局部复合后纸箱箱体的综合环压强度是传统工艺瓦楞纸箱的箱体综合环压强度的 1.367 倍，就可以实现两种不同工艺的纸箱在流通过程中具有相同的抗压强度和堆码强度。匹配设计时可以直接通过公式（5）完成匹配计算。

（2）**数据库建立**　为了高效匹配设计，必须建立有效的数据库，主要包括两大方面，其一是常用纸张环压指数数据库，其二是复合纸张环压指数与原纸成本性价比数据库。

3. 复合材料尺寸计算

为了更好地控制生产成本，必须精确计算加强纸张规格尺寸和使用量。以 0201 型纸箱为例，设纸箱长、宽、高分别为：$L \times B \times H$（cm），其结构如图 1-5 所示。

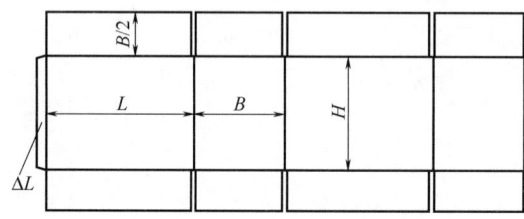

图 1-5　0201 型瓦楞纸箱结构图

计算复合纸张规格时，首先确定复合层，如果复合在面、里纸层，那么复合纸张可以直接通过公式（6）计算。

$$L' \times B' = [2(L+B) + \Delta L] \times H \text{(cm)} \quad (6)$$

式中 L' 为纸箱展开图长度，也为复合纸张长度；B' 为纸箱高度，也为复合纸张的宽度；ΔL 为纸箱接舌宽度，一般选 4cm。

如果复合层为瓦楞层，计算长度时，还须乘以相应的压楞系数，数值参照表 1-8，那么复合材料规格即可通过公式（7）计算。

$$L' \times B' = \gamma [2(L+B) + \Delta L] \times H \text{(cm)} \quad (7)$$

表 1-8　　　　　　　　　　国内四种常用单瓦楞基本技术参数

楞型	楞高 h/mm	常用压楞系数（γ）	楞型	楞高 h/mm	常用压楞系数（γ）
A	4.5～5.0	1.58	C	3.5～4.0	1.50
B	2.5～3.0	1.38	E	1.1～2.0	1.30

公式（6）（7）为单只纸箱尺寸，当批量化作业时，须乘以批次数量。

事实上除了上述三大要素外，复合层、黏合剂等对纸板复合成本和复合后的强度也会造成一定的影响，需设计者适当考虑。

四、生产成本案例分析

某 0201 型五层 AB 型瓦楞纸箱，长、宽、高分别为 60cm、50cm、30cm，面、里纸均为 200g/m² 的 A 级牛皮纸，单价（p）4000 元/t，A、B 瓦楞和夹芯均选用 112g/m² 的 A 级瓦楞纸，单价（p）3200 元/t。公司为了控制生产成本，计划采用局部复合加强工艺技术，在保证纸箱整体抗压强度相同的前提下，选用与传统工艺同材质面、里纸的三层 A 型瓦楞纸板复合替代，复合层选择瓦楞层，比较两种工艺加工相同抗压强度纸箱成本差异。（瓦楞纸和箱板纸等级参照 GB 13023—91 和 GB/T 3024—2003）

解答：

（1）强度理论计算　由公式（2）、（5）可知：只要保证 $P_{x2}=P_{x1}(ax_1/ax_2)^{2/3}=1.367P_{x1}$，就可认为纸箱具有相同的抗压强度。

即：
$$1.367(\sum R_{5l}+\sum R_{5m}\gamma)=(\sum R_{3l}+\sum R_{3m}\gamma)+R_{复合}\gamma$$

因两种工艺采用相同的面、里纸张，因此：

$$\Rightarrow 1.367(R_{夹芯}+\sum R_{5m}\gamma)=R_{3m}\gamma+R_{复合}\gamma$$
$$\Rightarrow 1.367(1+1.58+1.38)R_{瓦楞}=1.58(R_{瓦楞}+R_{复合})$$
$$\Rightarrow R_{复合}=2.43R_{瓦楞}$$

根据 GB 13023—91 和 GB/T 3024—2003 标准，可知：$112g/m^2$ 的 A 级瓦楞纸环压指数 $r_{瓦楞}=7.1$（N·m/g）。

$$\Rightarrow R_{复合}=2.43\times 7.1\times 112=1932(N)$$

（2）复合纸张选用　如果公司建立了复合纸张数据库，查阅数据库，就可以快速地匹配出性价比最优的纸张，这里暂先查阅 GB 13023—91 和 GB/T 3024—2003 标准中的数据进行匹配设计。

查阅标准，可知：

选用不同级别箱板纸复合加强时，其对应的克重为：选用 A 级箱板纸 $210g/m^2$，选用 B 级箱板纸 $250g/m^2$，选用 C 级的箱板纸 $351g/m^2$。

选择不同瓦楞纸张复合加强时，其对应的克重为：选用 A 级瓦楞纸 $210g/m^2$，选用 B 级箱板纸 $241g/m^2$，选用 C 级的箱板纸 $297g/m^2$。

设计匹配时需要结合当地实际原纸价格，选用性价比最佳纸张进行复合。这里选用 B 级箱板纸 $241g/m^2$ 箱板纸为复合加强材料，主要考虑到 B 级箱板纸和 A 级瓦楞纸张的价格相近。

（3）原纸成本对比　传统工艺生产一只纸箱原纸成本（P）为：

$$P_{传统}=S\times(P_{面纸}+P_{里纸}+P_{芯纸}+\gamma_A\times P_{瓦A}+\gamma_B P_{瓦B})$$
$$=1.79[0.8\times 2+0.36\times(1+1.58+1.38)]$$
$$=5.42(元)$$

进行局部复合加强生产一只纸箱原纸成本为：

$$P_{复合}=S\times(P_{面纸}+P_{里纸}+\gamma_A\times P_{瓦A})+S_{箱体}\gamma_A P_{复合}$$
$$=1.79(0.8\times 2+0.36\times 1.58)+0.67\times 1.58\times 0.77$$
$$=4.7(元)$$

两种工艺的成本比为：$4.7/5.41\approx 0.87$，即采用局部复合新工艺生产成本为传统工艺的 87%。

（4）强度测试对比　分别按照上述两种工艺进行制箱五只，按照标准环境处理后，分别测试其抗压强度和整箱定量，其结果如表 1-9 所示。

表 1-9　　　　　　　　　　强度对比和整箱定量

种类	抗压强度/N		整箱重量/g	
	样品测量值	样品平均值	样品测量值	样品平均值
五层普通型纸箱	1400、1430、1390、1421、1400	1408	1482、1488、1488、1478、1477	1483
三层增强型纸箱	1450、1440、1430、1428、1426	1434	1267、1278、1275、1300、1290	1282

此种工艺与传统工艺对比：一方面实现了同强度低克重，另一方面，如果复合层选择的是面纸或里纸，复合后的纸板平压强度和耐破度都会有较大幅度的提高。

（5）匹配设计效果和成本影响因素　根据设计和实验测量结果，分析两种工艺生产成本影响因素，并做关系图1-6。

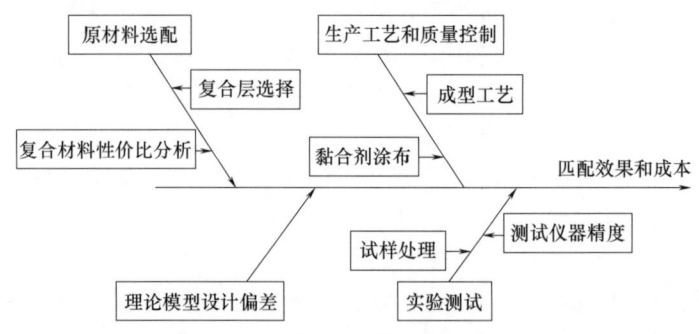

图1-6　匹配设计成本影响关系图

（6）实验结论　实验结论表明，使用局部复合新工艺生产该类型纸箱，其生产成本为传统工艺的87%左右。事实上，如果对面纸或者里纸进行复合加强时，成本比会更低，如果采用单面瓦楞局部复合时，其结果又会有一定的差异。如果一家纸箱企业年产值为5000万，其中30%订单采用局部复合工艺生产加工，一年可以节省195万余元。

五、结语

瓦楞纸箱局部复合加强工艺的开发和推广对实际生产有着非常积极的意义。该工艺从改变纸板结构入手，在增加纸箱整体强度的同时，又能降低整箱用纸克重，为实现纸箱减量化提供了技术支撑，是低碳经济时代瓦楞纸箱减量化设计的重要方向之一。纸箱企业可以结合当地的原材料价格选择性价比最佳的纸张进行加强复合，可以实现生产相同强度的瓦楞纸箱降低13%的生产成本。

第四节　瓦楞纸箱减量化设计—基于纸箱抗压强度设计优化

目前瓦楞纸箱抗压强度的设计主要通过瓦楞纸箱的箱型设计、优化和瓦楞原纸的环压强度的设计实现。

这里主要以实际生产过程中最为常用的0201型瓦楞纸箱为研究对象，通过研究瓦楞纸箱箱高和瓦楞纸箱的周长等参数变化对瓦楞纸箱抗压强度的设计影响，来实现瓦楞纸箱减量化设计。

瓦楞纸箱抗压强度是瓦楞纸箱设计加工最为重要的关键技术指标之一，纸箱抗压强度大小直接影响到产品的存储、流通和销售。一般情况下瓦楞纸箱抗压强度设计时应该充分考虑原纸性能、克重、瓦楞类型、纸板层数、纸板（箱）加工工艺等多种因素。

瓦楞纸箱抗压强度是瓦楞纸箱设计、加工的重要技术指标之一，也是瓦楞纸箱性能评价的最为重要的物理机械性能技术指标，该指标直接影响到纸箱在运输流通过程中对内包装商品的有效保护性。

一、瓦楞纸箱抗压强度认识

瓦楞纸箱抗压强度是指在压力试验机均匀施加动态压力下至箱体破损的最大负荷及变形量。抗压测试过程分四个阶段：第一是预加负荷阶段，确保纸箱与抗压机压板接触；第二是横压线被压下阶段，此时负荷略有增加，变形量变化很大；第三是纸箱侧壁受压阶段，此时负荷增加快，变形量增加缓慢；第四是纸箱被完全破坏时，此时为纸箱的压溃点。

二、瓦楞纸箱抗压强度影响因素

瓦楞纸箱抗压强度很大程度上决定了包装容器对内状物在流通过程中的有效保护性，因此我们必须充分认识到哪些工艺参数可能影响到瓦楞纸箱的抗压强度。根据实验和生产经验显示，瓦楞纸箱抗压强度主要取决于纸板原辅料、加工工艺、设计工艺及流通环境等。其中原材料的选用是成型的瓦楞纸箱抗压强度的决定性要素，其次是纸板（箱）的加工工艺过程是否严格按照操作流程和质量要求完成。

1. 原纸影响

瓦楞纸箱的原辅材料是决定瓦楞纸箱抗压强度最重要的因素，主要包括：原纸种类和材质、黏合剂及纸板加工工艺、瓦楞纸箱成型工艺与质量控制等。其中箱板纸和瓦楞原纸的综合环压强度直接决定了瓦楞纸板的边压强度，纸板边压强度也决定了瓦楞纸箱的抗压强度，原纸的环压强度与纸板的克重、含水率、紧度、挺度等性能有关。随着低碳环保概念的深入，瓦楞纸箱的原纸用料正在向低克重高强度的趋势发展。因此在配料和选用的过程中，必须充分结合原纸的物理机械性能进行选配，一般考虑的物理机械指标包括纸张的克重、纸张的含水率、纸张的紧度、纸张的环压指数、耐破度及挺度等。其中环压指数、克重等是重点指标。

一般包装设计师在设计瓦楞纸箱抗压强度的时候，通常结合卡里卡特公司进行倒推所需要纸张的环压强度，再结合公司所有纸张的种类等优选原材料生产与加工。不同的原纸由于其产地的差异，其原纸的浆料差异较大，以及其生产加工的工艺差异也很大，因此生产出的相同克重的不同纸张，其环压强度差异很大。同时这些纸张价格也不尽相同，因此要结合性价比模型进行优化选择，可以实现相同的物理机械性能的前提下完成低成本的配置，一方面可以有效地控制生产成本，另一方面也不会降低纸箱的物理机械性能。

2. 黏合剂和黏合效果影响

纸箱抗压强度不单取决于纸板的综合环压强度，还与瓦楞纸板的黏合效果和黏合质量有着密切的关系，一般情况下技术人员往往通过黏合强度的测试来评价纸板的黏合效果。事实上在实际生产的过程中可以发现，测量纸板的黏合强度在一定程度上来说可以说明纸板的黏合效果或者说纸张在黏合剂作用下的层与层之间的结合状况。

通过实验证明，瓦楞纸板的黏合强度并不是越大越好，一般操作过设备和从事过检测的技术人员会发现，当黏合结构处的黏合剂的用量越大，黏合强度也会越大；其次黏合处的涂胶面积越大，其黏合强度也往往会大。随着黏合剂的用量增加，生产成本会明显增加；其次黏合面积越大，往往容易造成瓦楞楞峰处出现坍塌现象，导致瓦楞高度降低，在某种程度上会导致其他物理机械性能的降低。因此黏合强度并不是越大越好，而是在有效控制瓦楞楞峰涂胶面积的前提下，既能有效控制涂胶量，又能实现较好的黏合强度是最佳状态。另外未经过防潮处理的淀粉黏合剂由于本身具有一定的吸湿性，随着涂布量的增加，也更容易在潮湿环境下吸湿而返潮，导致纸板变软。

3. 瓦楞类型和形状影响

不同的瓦楞类型和形状对成型后的纸板的边压强度也有较大的影响，主要是因不同的瓦楞成型后的支撑体的厚度和受力面不同而造成，相同材质的瓦楞纸板楞高度越高纸板边压强度越大，压楞系数越大纸板的边压强度越大。

4. 瓦楞纸板（箱）制造工艺影响

（1）瓦楞纸板影响　合格的瓦楞纸板是生产加工高强度瓦楞纸箱的基础，因此必须选用较好的高速多层瓦楞纸板生产线生产加工瓦楞纸板，这是生产高质量的瓦楞纸箱的关键要素之一。纸板加工过程中一方面要精确配置原纸，其次要控制好生产过程中的黏合剂的涂布量、涂布压力、水分等一系列的重要工艺参数。纸板表面加工工艺也会对纸板强度产生一定的影响，主要体现在纸板对水分的吸湿和纸板瓦楞的形变等。纸板表面加工工艺常见的有光油涂布、防潮剂涂布等，因此必须选择合适的涂布方式加工，否则容易造成瓦楞形变，影响纸箱抗压强度。

（2）瓦楞纸箱生产工艺影响　纸箱生产加工工艺和设计工艺也是影响瓦楞纸箱抗压强度的重要因素之一。主要包括以下几个方面：

① 纸箱结构设计影响。瓦楞纸箱的长宽高的设计和箱型设计直接会影响到纸箱成型后的抗压强度。实验证明方纸箱的周长和高度不变时，纸箱的宽长比在 0.62 左右时，纸箱的强度最大，如图 1-7 所示。纸箱的高度对纸箱的抗压强度也存在一定的影响，在纸箱周长一定的情况下，纸箱的高度在 15~30cm 的范围内，抗压强度随着纸箱的高度增加而下降，在箱高 30cm 以上时，纸箱的抗压强度趋于稳定，如图 1-8 所示。另外纸箱的抗压强度还会随着纸箱的周边长度的增加而增加。

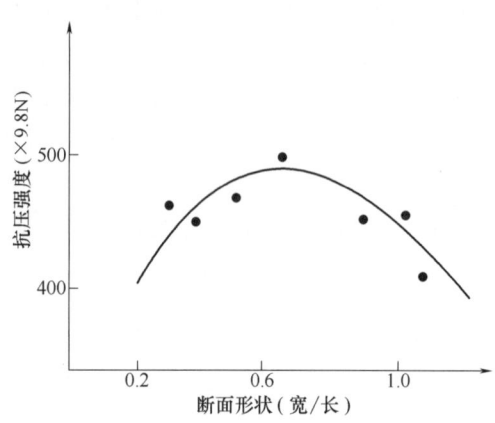

图 1-7　抗压强度与纸箱宽长比关系

② 纸箱的制造工艺。纸箱制造工艺主要涵盖了印刷、打孔及压线等多种工艺，这些工艺在很大程度上都会影响纸箱的抗压强度。根据不同工艺生产加工的瓦楞纸箱，其印刷对纸箱成型后的强度影响不同，以最常见的多色水性印刷加工瓦楞纸箱为例，印刷色数越多、印刷压力越大、印刷面积越大，最后都会造成纸箱的抗压强度损失越大。

其次纸箱开孔也会对瓦楞纸箱强度产生影响，主要体现在开孔位置、开孔面积大小和形状等。一般认为开孔的位置距离侧楞越近，纸箱强度损失越大；开孔面积越大，纸箱强度损失越大；圆形开孔是所有开孔里面影响纸箱强度最小的；另外，开孔距离上下压线的位置也会对纸箱强度产生不同的影响。

通过搜索中国知网,可以查到国内不少专家和学者对手提孔的开孔位置和开孔形状等对瓦楞纸箱的抗压强度及堆码强度影响做了一系列的研究,可以为我们提供技术支持和开发参考。

5. 纸箱在堆码、存储流通过程中的环境影响

纸箱在不同的环境下流通、堆码、仓储等,会受时间、温度、水分等影响,造成强度下降。一般认为目前使用的成品瓦楞纸箱的有效保质时间为半年,当然半年后,其包装的功能仍然存在,但是强度和性能等会有明显的下降,甚至出现黏合不良和霉变等问题。

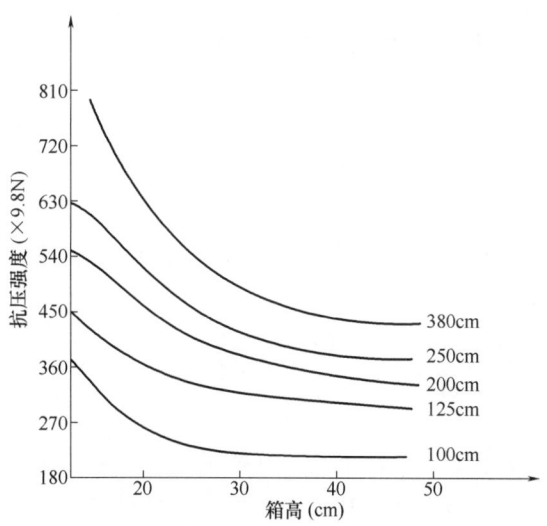

图 1-8　抗压强度与纸箱周边长、箱高关系

仓储环境会对纸箱性能产生明显的影响,尤其是环境的温湿度,湿度升高,纸箱的含水量也会发生相应的变化,导致纸箱强度下降。产品的堆码方式也会对纸箱强度产生影响,这就需要我们设计、加工和流通管理人员加强管理和控制。

纸箱的堆码时间对抗压强度的影响。纸箱的抗压强度随着装载时间的延长而降低,这种现象被称为疲劳现象。试验表明,在两个小时以后,纸箱的抗压强度减少是明显的,在长期载荷的作用下,只要经历一个月的时间,纸箱的抗压强度就会下降30%;90天的保管堆装就会造成大约45%的抗压强度降低;一年后,其抗压强度就只有初始值的50%了。

6. 对于通过集装箱流通的瓦楞纸箱尺寸设计优化

对于部分通过堆放集装箱后再长途流通的商品包装设计而言,设计师需要结合集装箱的内部尺寸进行设计,这样可以提升集装箱内部瓦楞纸箱的堆放数量和稳定性。

通过百度查询可知,一般常用集装箱的尺寸如表 1-10 所示。

表 1-10　　　　　　　　　常见集装箱的规格尺寸

规　格	长宽高/m	配货重量/t	体积/m³
20 尺	5.69×2.13×2.18	17.5	24～26
40 尺	11.8×2.13×2.18	22	54
40 尺高柜	5.69×2.13×2.78	22	68
45 尺高柜	13.58×2.34×2.71	29	86
20 尺开顶柜	5.89×2.32×2.31	20	31.5
40 尺开顶柜	12.01×2.33×2.31	30.4	65
20 尺平底货柜	5.85×2.23×2.15	23	28
40 尺平底货柜	12.05×2.12×1.96	36	50

因此需要对不同集装箱流通的内装容器设计不同的尺寸,可以提升集装箱内部摆放包装箱的数量,同时可以有效地控制纸箱间的间隙,提升纸箱堆码的稳定性和商品流通过程

中的安全性。

7. 纸箱印刷工艺对抗压强度的影响

纸箱版面的印刷面积、印刷形状及印刷位置对纸箱抗压强度的影响程度各不相同。总的来说，印刷面积越大，纸箱抗压强度的降低比率也越大。满版实地，块状及长条状印刷对抗压强度的影响比较大。就纸箱印刷位置而言，印刷在正侧中间部位较边缘部位的抗压高。大量试验数据显示，单色印刷使纸箱的抗压强度降低 6%～8%，双色及三色印刷使纸箱的抗压强度降低 10%～15%，四色套印及整版面实地印刷则使纸箱抗压强度下降约 20%。

三、结语

瓦楞纸箱抗压强度是瓦楞纸箱设计加工过程中的最为重要的关键技术指标之一，必须加强相关环节的控制，主要包括原材料的选用、纸板的加工、印刷图文设计、纸箱的成型加工等多个环节。只有这样才能较好地保证瓦楞纸箱产品的强度与性能，才能较好地满足客户需求。

第五节 瓦楞纸箱减量化设计—基于环压强度选用瓦楞纸

目前瓦楞纸箱抗压强度的设计主要通过优选瓦楞原纸的环压强度，实现低克重高强度的配纸方式，从而实现低碳模式下的瓦楞纸箱减量化设计。该减量化设计模式是现行纸包装行业主流发展趋势。

瓦楞原纸的环压强度在很大程度上直接影响到瓦楞纸板的边压强度，瓦楞纸板的边压强度同样也直接影响到瓦楞纸箱的抗压强度和堆码强度。因此很多商品流通企业为了很好地实现其商品流通过程中的安装仓储和堆放，通过确定商品包装后的堆码高度、仓储环境、仓储时间以及安全系数等技术参数要求，再确定纸箱的堆码强度和抗压强度，最后根据 K. Q. Kellicutt 公式倒推，计算出瓦楞纸板的综合环压强度，从而实现瓦楞纸板的优化配纸。

一、环压强度的认识

纸板环压强度是指将一定尺寸的试样，插在试样座内形成圆环形，在上下压板之间施压，试样被压溃前所能承受的最大力。环压强度表征纸张边缘承受压力的性能，是箱纸板和瓦楞原纸重要的强度指标。纸板环压强度影响瓦楞纸板的边压强度，而瓦楞纸板的边压强度将对纸箱的整体抗压强度产生重要影响。将一定尺寸的试样插入圆形托盘内，使试样侧边形成圆环形，然后放入压缩仪的压板上进行电动匀速压缩，当试样压溃时所显示的数值，即为环压强度。该标准试样规格应为：长（纵向）152mm±0.2mm，宽 12.7mm±0.1mm。取 10 片进行检测，其中 5 片正面朝外进行检测，另外 5 片反面朝外装入环形托盘中分别进行检测，之后，将 10 片检测的结果，求出一个平均值作换算用。为了提高检测的精确度，应注意认真检测好定量指标，因为定量检测数值的大小，对环压指数换算后的结果有直接的影响。所以，定量的检测试样应有一定的代表性，最好从纸筒横向不同部位取 10 个试样用于检测，求其平均值，这样检测相对较准确一点。如果 10 个试样都取纸筒某一纵向部位，检测数值往往缺乏代表性，因为纸筒的横向厚薄误差比纵向误差相对要大些。此外，试样厚度检测的准确性，也与环压强度的检测结果相关。因为试样的厚度不同，检测环压强度所采用的托盘芯直径也不同。所以，厚度检测同样应采用测试不同部位的几个点，求其平均值，作为最后检验结果。厚度指标检测时，试样放进托盘中的间隙比较合适，可较好地保证环压强度检测的准确性。这就要求必须严格按照试样的厚度，选择相应的托盘规格（直径）。原纸的紧度、定量如何，很大程度上影响着其环压强度。环压强度好的纸，其环压指数相应也就高；只有先测出环压强度值，才能求出环压指数值，以下是环压强度和环压指数的换算公式：

环压强度：$R = F/152$

式中：R 表示环压强度，单位 kN/m；

F 是试样压溃时读取的力值，单位 N；

152 是试样的长度，单位 mm。

报告平均环压强度 R，精确至 0.01kN/m。

环压指数：$Rd = 1000R/W$

式中：

Rd 表示环压指数，单位 N·m/g；

R 表示环压强度，单位 kN/m；

W 是试样的定量，单位 g/m²。

这里需要注意一点，一般情况下纸张在造纸的过程中，随着纤维的取向不一样，纸张有两个明显的环压强度值，一个是最小的横向环压强度，另一个是最大的纵向环压强度。其他测试的数值均在这两个数值之间。而我们设计与检测的是横向环压强度值，主要是卷筒纸的展开方向是造纸时大部分纤维的取向方向，纸张展开方向也是瓦楞纸板成型的方向，而这个方向测量的值是纵向环压强度，因此取样测量的是垂直于这个方向的测量值。

二、影响纸张环压强度要素

（1）原纸纤维种类　瓦楞纸箱、箱板纸等的主要原材料是植物纤维，在造纸过程中，部分植物纤维为一次浆料，大部分是二次废次浆料，尤其是国内使用的瓦楞纸和箱板纸的底部纤维。因此浆料的质量优劣直接决定了抄制后的原纸质量，一般认为纤维的长度越长抄制的纸张强度会越大，包括原纸的坏压强度。

（2）原纸纤维的质量　在制造瓦楞纸、箱板纸等纸张时，纤维的质量也是影响后续纸张质量的关键要素之一。因此在废纸选用、处理等方面还是有很多方面需要注意的，主要包括：废纸的种类、是否打包堆放、防雨通风等。

（3）打浆度和 pH　废纸在制浆的过程中，随着打浆度的差异，其产生的纸浆的质量和复合效果也存在一定的差异。在知道原材料性质的前提下，打浆度在一定程度上反映浆料的性质，并根据浆料的性质制定相应的生产工艺。一般情况下对于废纸浆来说，中浓打浆较好地保留了长纤维，中、低打浆最直接的区别是中浓打浆成浆纤维表面分丝帚化现象显著，纤维发生纵向扭曲、皱折，这使纤维变得柔软可塑，从而有利于网布的成型结合。

其次浆料 pH 的主要作用在于反映化学品的使用效果，因不同的化学品有不同的最佳使用 pH，一般生产高强瓦楞原纸的厂家使用阴离子分散松香胶或阳离子分散松香胶进行施胶，pH 控制 6.0 左右。

（4）施胶　纸张施胶也是提升纸张物理机械性能最常用的工艺之一。纸张通过施胶可以较好地提升纸张的抗水性和环压强度。纸张施胶的方法有两种，一种叫内部施胶，就是在抄纸准备过程中，向纸浆中加进一些胶料，当胶料与纸浆混合均匀后再加入矾土溶液，使胶料被吸附在纤维上，抄成纸页并干燥后，纸张就有了抗水性。另一种叫表面施胶，就是抄成纸页并达到半干程度后，采用表面施胶设备给纸面涂上一层胶膜，从而使纸张具有憎液性能。

（5）其他工艺　当然除了上述因素影响原纸的环压强度外，还有生产加工的工艺过程，如上浆造纸和喷浆造纸等不同工艺生产的纸张，影响了纸浆纤维成纸时的纵横方向的方向量，也会直接影响纸张的横向环压强度。我们在检测、设计、评价瓦楞纸板、瓦楞纸箱物理机械性能时，更多的需要原纸的横向环压强度，主要是基于纸张出纸方向和纸板生产加工方向。

三、优化配纸案例

某企业生产瓦楞纸板，生产线幅宽为 1.8m，平均利用率 60%，生产速度 100m/min，日工作时间 20 小时，生产 5 层 AB 型瓦楞纸板，该纸板面纸、里纸为 $200g/m^2$ 牛皮纸，环压指数 9.0，瓦楞、夹芯纸选以下两种纸张。

① 河南产高瓦：$127g/m^2$，环压指数：5.0，单价 2300 元/t。
② 广东产高瓦：$110g/m^2$，环压指数：6.2，单价 2500 元/t。
问：① 选用哪种瓦楞纸生产的纸板边压强度大？
② 如果要生产同边压强度的瓦楞纸板，河南瓦楞纸按①要求，那么广东高瓦应该多少克？
③ 对比分析选用上述两种瓦楞纸的生产 $1m^2$ 的成本差异。
④ 对比分析选用上述两种瓦楞纸的年生产成本差异。
（1）选用哪种瓦楞纸生产的纸板边压强度大？
解：由纸张环压强度和边压强度关系式可知：

$$ECT(AB) = 1.1[2R \text{面纸} + (1.51 + 1.37 + 1)R \text{瓦纸}]$$
$$ECT(河南) = 1.1[2R \text{面纸} + (1.51 + 1.37 + 1)R \text{河}] = 6670$$
$$ECT(广东) = 1.1[2R \text{面纸} + (1.51 + 1.37 + 1)R \text{广}] = 6783$$

由上述公式可知：ECT（河南）＜ECT（广东），选用广东瓦楞原纸生产的纸板边压强度大。

（2）如果要生产同边压强度的瓦楞纸板，河南瓦楞纸按①要求，那么广东高瓦应该多少克？
解：ECT（河南）＝ECT（广东）

$$1.1[2R \text{面纸} + (1.51 + 1.37 + 1)R \text{河}] = 1.1[2R \text{面纸} + (1.51 + 1.37 + 1)R \text{广}]$$

$$R\text{河}=R\text{广}\rightarrow 127\text{g/m}^2\times 5.0=X\times 6.2\rightarrow X=102.4\text{g/m}^2$$

（3）对比分析选用上述两种瓦楞纸的年生产成本差异。

解：该纸箱厂年产纸板面积为：

$$S=1.8\text{m}\times 60\%\times 100\text{m/min}\times 20\text{h}\times 60\times 365=4730.4\text{万 m}^2$$

选用两种瓦楞纸生产一平方米 AB 型纸板成本差为：

$$P=(127\text{g/m}^2\times 2300\text{元/t}-2500\text{元/t}\times 110\text{g/m}^2)\times(1+1.51+1.37)$$
$$=(0.292-0.275)\times 3.88=0.066(\text{元/m}^2)$$

（4）那么一年选用两种原纸成本差为：$S\times P=312$ 万元

四、结语

瓦楞纸板、瓦楞纸箱生产加工企业工艺设计人员首先要了解影响瓦楞纸箱抗压强度和堆码强度的主要影响因素后，才能很好地设计与开发性价比最好的纸板和纸箱。基于环压强度选用瓦楞纸实现瓦楞纸箱减量化设计是重要的途径和手段之一，也是企业控制生产成本的重要途径之一。

第六节　瓦楞纸箱减量化设计—基于分散式结构设计

为了更好地防护商品，使在物流仓储过程中免受外力碰撞，或者提升包装容器的堆码效果和稳定性，很多包装设计师在加强外包装结构设计的同时，还在积极开发更加可靠、更加隔空的内衬，提升商品的防护性和稳定性。近年来随着功能性内衬包装设计方案的不断创新，很多内衬包装由原来的整体式、全包式发展到现代的分散式、间隙式。新式方案的设计一方面实现了传统的包装功能，另一方面大幅地降低了原材料的用量，有效地降低了生产成本。

分散式缓冲衬材设计是典型的内衬减量设计方式之一，目前广泛应用于电子产品包装、奶制品包装以及需要较好防护的商品包装。设计师将传统的整体防护式改为分散式局部防护，在大大减少原材料使用的基础上，实现同样的缓冲减振效果和较低的包装成本。

一、案例作品——鸡蛋

为了更好地了解分散式包装内衬结构，作者以最容易碎的鸡蛋包装为例说明。通过网络平台搜索，可以收集到关于鸡蛋的包装较多，整理后选取部分个性化包装设计，比如图1-9~图1-11。

通过上述图片可以看到，设计师为了好的包装鸡蛋，实现鸡蛋在流通和仓储中能够得到有效的防护，为鸡蛋设计了多种包装方案，不同的包装方案不仅具有良好的视觉外观，而且在一定的流通环节下能够有效地防护鸡蛋免受损坏。在以上设计方案中，有些设计方案选用了整体式包装，有些选用了分散式包装，也就是说，选用分散式包装方案也能够较好地实现鸡蛋的防护和美化。

在以上包装方案中，其中图1-9 的第一幅图，只用了最简易的两块纸板交叉卡住鸡

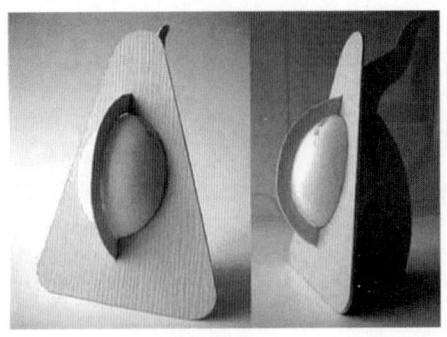 

图 1-9　单个鸡蛋包装

 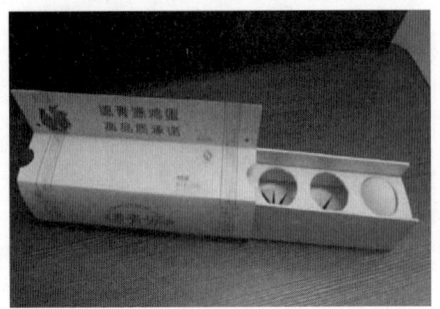

图 1-10　一组鸡蛋包装

图 1-11　许多鸡蛋包装

蛋，就实现了鸡蛋的包装，且能够满足其摆放的稳定，同时也实现了这些鸡蛋隔空存放在外包装容器中。其次在包装材料的用量上也实现了精简，极大地做到了真正的减量化设计。

二、案例作品——牛奶包装

再比如目前市场上销售的现代牧业纯牛奶包装盒，该包装的内衬设计别具一格，是充分利用了分散式包装设计原理开发的一套具有良好缓冲减振性能的减量化设计内衬方案。该纯牛奶包装从外观上看，瓦楞纸箱规格较大，纸盒外尺寸为（23×13×26）cm，拆开纸箱后，可以发现，只包装了12瓶纯牛奶，每瓶牛奶规格是（5×4×12.7）cm，采用2层2×3排立方式。实际上按照2层2×3排立方式，内装物的实际外尺寸应该是（15×8×25.4）cm，而事实上纸盒的尺寸是（23×13×26）cm，扣除E型瓦楞纸板厚度0.2mm，外包装内尺寸应该是（22.6×12.6×25.6）cm。显然内状物牛奶与外包装之间还有很大的间隙，也是该内衬设计的特点。其采用了分散内衬结构包装，使包装处于隔空状态，整个包装具有非常好的缓冲性能。其次常见的牛奶包装虽然内装物只有12瓶，但是从整个包装来看，明显规格要大很多，显得更加大气，更有助于提升销售。

通过对牛奶包装的拆封和展示，最终得到1-12～图1-15四幅图，通过上述四幅图可以清楚地看到内衬的上下边角处都出现了向外延伸的支撑脚，水平尺寸约为3cm，正是这

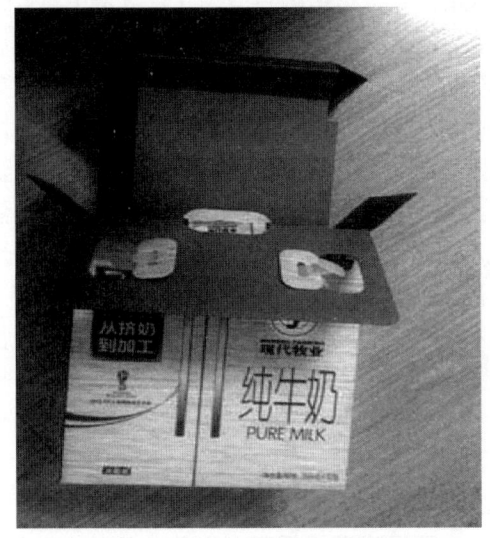

图1-12 牛奶整体效果

图1-13 内衬装牛奶整体效果

图1-14 俯视图

图1-15 内衬结构图

四个支撑脚,有效地保证了牛奶装箱后,能够很好的处于隔空状态,实现了较好的减振缓冲效果。同时又因为支撑脚,无形中将 12 瓶牛奶的外尺寸向外扩大了很多,从外包装上看,显得内状物很多,在某种程度上刺激了消费。

第七节　物流包装废次瓦楞纸箱的回收与环保的认识与思考

一、国内物流包装市场分析

近年来,随着电子商务的快速发展,网络营销模式可谓家喻户晓,其订单量正在以惊人的速度发展,与之相伴的快递物流业也进入了高速增长阶段。诸多物流公司也如雨后春笋般数不胜数,如 EMS、顺丰、运通、韵达等。有关资料显示近十年来,我国快递包裹业务的增长量超过了 50% 以上。国家邮政总局的数据统计显示:2019.12.16 日上午,国家邮政局邮政业安全监管信息系统实时监测数据显示,我国快递业 2019 年第 600 亿件快件诞生。正如时下流行的"我不是在拆包裹,就是在等包裹的路上"。也有统计显示人们收到快递后,60% 的人选择了对商品包装"直接丢弃";20% 的人选择了"收集整理后作为废品卖掉";只有 8% 的人会"留着下次寄件使用"。

据网络流传数据显示,我国每年产生包装废弃物约 1600 万 t,城市固体废物中包装物的比例超过 30%。据陕西省环保志愿者联合会提供的资料显示,快递包装盒用掉的一吨纸,需要用掉 20 株树龄为 20~40 年的树木。一个普通快递盒重量不会超过 50g,但这个盒子后面消耗的是 2000g 的水和木材。

快递滥用胶带造成污染也是近年来热议的话题。2011 年我国快递量达到 48 亿件,有人做过计算,按照每件快递用 1m 长的胶带计算,所用胶带总长度可以绕赤道约 120 圈。而此类包装材料属于典型非自然降解材料,严重污染了环境。

随着快递包裹业务的高速增长,物流包装的使用量在整个包装体系中的占比也越来越高,其中以瓦楞纸箱、纸盒、纸袋等用量最多,其次是塑料包装容器、木质包装容器及金属包装容器等。快速增长的物流包装容器的广泛使用,一方面有效地保护了商品流通,方便了广大消费者;但另一方面也造成了资源浪费和环境污染等,这点在废品回收站和垃圾堆随处可见。如何提高物流包装品的回收再利用、如何有效推行绿色环保型包装容器的广泛使用等诸多议题正日益受到行业研究者和行政主管部门的高度关注。

二、物流包装对环境的影响

为了在流通的过程中有效地保护商品,店家使用了大量的纸质包装容器、塑料包装容器及其他包装材料等,不同材质的包装容器在回收和自然降解等方面差异巨大,对环境的污染和资源浪费也不尽相同。

1. 可回收循环利用包装

可回收和循环使用的物流包装主要包括:纸和纸制品等包装容器、塑料包装容器等,这两类包装材料作为可循环利用的包装材料,在物流包装中得到了广泛的使用。

纸和纸制品是目前物流包装最为常见的包装材料，也被广泛地生产加工成瓦楞纸板、瓦楞纸箱、蜂窝纸板、高强度复合瓦楞纸板、纸包装袋、瓦楞包装袋以及复合包装袋等包装容器。据不完全统计纸类包装容器占到所有包装容器的 1/3 以上。由于纸张生产加工的原材料是纤维，该主体成分在自然界中可以自然降解，同时也可以回收再利用，二次制浆再生产和成型，比如造纸、纸浆模塑等，属于环保性包装材料。

部分塑料包装容器也属于可循环使用的包装容器，尤其是部分塑料包装箱，该类包装有着较好的抗水性能和较好的物流机械强度等，能够有效地实现循环重复使用，也是较好的物流包装。

2. 不可循环使用的物流包装

在现行物流包装中除了上述可循环使用的包装容器，还有不少的一次性的物流包装废弃物，包括部分塑料袋、包装用胶带以及多种发泡填充物等。这些包装材料多数不可自然降解。广泛的使用给环境保护带来了巨大的压力。目前，快递污染主要包括透明胶带、聚乙烯快递袋、聚乙烯充气泡沫、聚苯乙烯填充物。以"聚乙烯"等相关原材料生产加工的包装品在自然环境中 100 年也不能完全降解。

三、废次物流包装回收认识与环保思考

面对快速增长的物流包装，以及循环回收使用的"不到位"，作为包装教育者应更多地思考如何有效的提升物流包装的回收再利用。

1. 物流包装首选绿色包装

物流包装尽量选用可回收、可降解的原材料作为包装容器，方便回收和循环利用。通观目前广泛使用的物流包装容器，主要包含了以纸、纸制品及塑料制品为代表的可循环利用的绿色包装材料，但也使用了不少的非环保的包装辅助材料，涉及到塑料胶带、发泡缓冲垫以及多数不可降解的填充物。这些材料的大量使用一方面造成环境污染，不能够自然降解，其次也不利用回收循环使用。因此很多的学者甚至相关的法律法规都在鼓励企业使用可降解绿色包装，但是出于成本的压力和相关机构监管不到位，可降解材料的推广并不是很普遍。举个最为简单的例子，瓦楞纸箱是典型的环保型包装材料，为了把纸箱内装物较好地密封起来，我们选择了透明胶带，只需要一拉、一贴，商品包装就完成了。就这么简单的举动就造成不环保，其原因很简单，问题就出在透明的塑料胶带，该材料主要由聚乙烯薄膜生产加工，其在自然环境下不容易降解，当纸箱打浆抄纸时，也给制浆带来了诸多不便。如果我们选择牛皮纸胶带，或许效果要好得多。再比如，在选择一次性缓冲材料时，我们可以更多选择纸质的高强度复合瓦楞板或者蜂窝纸板替代传统的发泡泡沫等。

2. 采用减量化设计，降低原材料的使用量

2008 年，中华人民共和国全国人民代表大会常务委员会通过了《中华人民共和国循环经济促进法》。文件明确规定：发展循环经济应当在技术可行、经济合理和有利于节约资源、保护环境的前提下，按照减量化优先的原则实施。因此在选择批量化商品包装时，可以选择具有一定设计能力的包装公司为其开发一套整体包装方案，在实现相同的商品防护效果的前提下，能够较好地从源头降低包装材料的使用量。而且近些年先进的工艺也不断出现，比如局部复合和纤维加强技术的应用等。以 0201 型瓦楞纸箱为研究对象，根据

纸箱承载重量设计原理及预定强度要求对瓦楞纸箱进行箱体局部复合，增强纸箱在流通、堆码、储藏等环节的物理机械性能，实现用较少的原材料达到传统工艺相同的物理机械强度。实验设计的过程中主要包括强度理论计算、复合纸张强度匹配设计选用及原纸成本对比等环节，最后在生产仿真案例的基础上得出：在选择合适复合材料和工艺的前提下，采用瓦楞纸箱局部增强技术，可以实现用比常规工艺低10%～20%的生产成本生产相同抗压强度的纸箱。如果一家纸箱企业年产值为5000万，其中30%订单采用局部复合工艺生产加工，一年可以节省200余万元。箱体局部复合加强技术对纸箱的减量化生产加工具有非常积极的指导意义。

3. 包装件分类回收

分类回收包装废弃物是整个包装回收循环利用过程的重要环节之一。常见的分类回收方法主要有：按照包装废弃物的材质分类、按照包装废弃物的大小分类，以及有机物或者无机物等种类分类。其目的为了提高废次品的回收利用效果，减少后续的分拣难度。目前最为常见的废品收购部分大部分采取了该类回收模式。

4. 强化绿色包装意识

加强绿色包装意识是提升环境保护和减少包装废弃物的关键要素之一，只有生产企业和消费者的环保意识提升了，包装容器的回收和再循环才会进入理性的轨道。自然资源总是有限的，必须清醒地认识到发展绿色包装在商品流通领域中的地位和作用，从我做起，很多事情更有意义。

5. 重复循环利用包装容器

所谓重复利用废旧包装，实际上就是对部分可以回收的包装容器进行批量回收，经修复、改制或者降级等处理后重新作为包装容器进行二次或者多次循环使用，一方面可以大幅度降低原材料成本，另一方面可以有效地减少资源浪费等。当然，部分循环使用的包装容器可能会影响外观效果等，这点需与客户或者在消费者在沟通的基础上协商妥善处理。

网上有些细心的网友，将废弃的垃圾变废为宝，与大家分享着生活的小创意。比如，将废弃的快递纸盒表面贴上精美的卡通彩纸，中间用小盒子隔开，改装成收纳盒；将质地比较坚硬的长方体包装盒改装成笔筒；快递专用的黑色塑料袋，拆封时紧靠袋子一侧剪开，还能当一次性垃圾袋使用，而且可以防止残渣废水滴漏出来等。

四、结束语

社会资源是有限的，节能减排、资源循环利用是新世纪每个人都应该关注的话题。倡导发展生态包装，发展循环经济，从我做起，相信明天会更好。

参 考 文 献

[1] 肖志坚. 低碳经济下印刷包装业的发展前景 [J]. 中国出版，2011（10）：43-45.

[2] 肖志坚. 瓦楞纸板（箱）减量化设计加工研究现状 [J]. 包装工程，2012，33（07）：127-131.

[3] 肖志坚. 瓦楞纸板压楞系数选设对纸板生产成本的影响 [J]. 包装工程，2011，32（11）：26-28，33.

[4] 肖志坚. 瓦楞纸箱局部增强技术的研究 [J]. 包装工程，2013，34（07）：17-20+47.

[5] 林贻贻，肖志坚. 瓦楞纸箱抗压强度认识及工艺影响［J］. 包装世界，2014（01）：22-23.

[6] 康启来. 实现瓦楞纸箱减量化的生产工艺改造和控制方法［J］. 印刷技术，2009（16）：54-55.

[7] 王志星. 实现瓦楞纸箱减量化的主要途径［J］. 印刷技术，2011（24）：46.

[8] 王志星. 从点滴方面着手努力实现瓦楞纸箱减量化［N］. 中国包装报，2011-09-15（002）.

[9] 郑美琴. 瓦楞纸箱抗压强度的优化设计探讨［J］. 山东轻工业学院学报（自然科学版），2013，27（01）：37-40.

[10] 郑美琴. 瓦楞纸箱抗压强度设计时需考虑的因素［J］. 印刷世界，2010（02）：21-22.

[11] 金国斌. 瓦楞纸箱的抗压强度与设计方法综述（中）［J］. 上海包装，2006（07）：30-32.

[12] 谢祥国. 瓦楞纸箱企业成本控制的研究［J］. 轻工科技，2015，31（06）：139-140.

[13] 余振威. 瓦楞纸箱强度的设计计算［J］. 中国包装，1994（01）：62-63.

[14] 陈静，张耀荔，孙健. 商品包装用瓦楞纸箱的减量化设计原则概述［J］. 物流技术，2010，29（07）：128-130.

[15] 周敏建，张治国，胡力萌，孙俊军. 电商瓦楞纸箱未来四大发展方向［J］. 印刷技术，2016（02）：14-16.

第二章 预印瓦楞纸板箱认知和质量控制

第一节 预印型瓦楞纸箱研发意义

瓦楞纸箱是用瓦楞纸板制成的包装运输箱，是现代商品社会生产流通中必不可少的包装容器之一，它具有轻便、牢固、环保、保护商品、便于装卸运输等特点，被广泛应用于家用电器、纺织品、食品等运输包装。中国从20世纪的30年代初开始引进使用瓦楞纸箱作为外包装箱。在当时，所使用的外包装箱80%是木箱，纸箱仅占到20%左右；而到了20世纪的40年代末50年代初的时候，纸箱使用比例上升到了80%。随着包装、物流、材料和机械行业的发展，如今90%以上的物流产品包装使用的都是瓦楞纸箱。我国长三角地区，是最近十年我国瓦楞纸箱行业发展最为迅速的地区。据国家统计局最新数据显示，2019年1~12月，全国机制纸及纸板产量12515.3万吨，同比增长3.5%。在经历了2018年的下跌后，成功实现反弹，仅次于2017年（12542万吨），是有统计以来，产量第二高的年份。（https://www.sohu.com/a/368535447_174775）

近些年来，随着国内纸包装工业过快发展，瓦楞纸板、瓦楞纸箱生产量出现了局部过剩现象，且纸包装行业新产品的设计开发后劲不足，竞争白热化直接导致产品微利化。因此在此背景下，挖掘企业内部潜力，开发新产品，成为微利时代纸箱企业盈利的关键要素之一。预印型瓦楞纸箱是近几年新开发的一种新型瓦楞纸箱生产工艺，该工艺更加适合于批量化生产加工的瓦楞纸箱，通过采用在卷筒纸表面预先印刷技术替代传统的直接在纸箱表面水印印刷的工艺方式，能够更好地将柔性、凹版印刷的高质量印刷效果转移到高档次瓦楞纸箱上，提升产品的生产效率、产品的精美度等。

随着包装在商品流通和销售渠道中的份额和重要性日趋显现，瓦楞纸箱的生产工艺和质量要求也逐渐提高，其未来的重点发展方向是，低克重、高强度、精美印刷和绿色环保。精美的图文和高效的生产是客户和纸箱生产企业的共同追求，也是未来彩色瓦楞纸箱印刷发展的方向。

一、工艺发展前景

预印型瓦楞纸板是目前精美瓦楞纸箱批量化生产加工的一个新方向，该生产工艺与以往传统纸箱生产加工工艺有着较大的区别，同时成型后的瓦楞纸箱外观图文精美程度、表面平整效果及物理性能均有着较大幅度的提高，诸多优点令其成为很多商品包装的首选，目前国内已有不少包装印刷企业开始投入生产。

预印型瓦楞纸箱常见的印刷方式有两种：凹版预印型瓦楞纸箱、柔性版预印型瓦楞纸箱。资料数据显示：欧美发达国家 31.2% 的瓦楞纸箱采用凹版预印技术生产，还有相当一部分的瓦楞纸箱采用多色柔性版预印刷。近年来，随着我国商品市场的活跃，瓦楞纸箱生产企业的终端客户群，如饮料、食品、啤酒和乳品等行业已把外包装采购目标投向采用预印型等新技术生产的瓦楞纸箱。目前国内采用预印刷生产瓦楞纸箱的企业主要集中在经济较为发达的长三角、珠三角等区域，采用预印纸箱包装的产品也主要集中在批量化生产的订单产品。

考虑到预印型瓦楞纸板生产工艺和传统生产加工工艺有着较多的差异，部分工艺参数控制和质量控制及设备配置等还有待进一步的完善，需要更多的技术管理人员参与研究和改进。相信随着国内预印型瓦楞纸箱生产工艺技术的更加成熟，预印型瓦楞纸箱将更大比例地占据长订单、批量化市场。

二、国内外研究现状

全球瓦楞纸板生产和需求差异较大，生产工艺更是高低不一。欧美、日本等发达国家在批量化生产的长订单约有 1/4 采用预印型加工生产，配套设备也较为齐全。

国内不少学院和企业技术管理人员近几年在国内杂志和报纸上发表了不少关于瓦楞纸箱预印刷的相关文章，但是针对预印刷尺寸设计及控制、横切设计等相对较少。国内生产和开发多色凹版预印设备的企业也逐渐增多，典型的有陕西北人印刷机械有限责任公司等。

在美国，柔性版印刷较为发达，许多预印产品采用柔性版印刷。在欧洲等国，凹版预印技术成熟，大批量生产成本低，有着较高的竞争力。

第二节 瓦楞纸板结构及用料

瓦楞纸板是生产瓦楞纸箱的基本材料，其结构和性能直接决定了瓦楞纸箱的质量和档次。目前瓦楞纸板常用的有三层、五层和七层，其中以三层和五层居多，考虑到设备投入和流水线过长，七层纸板一般都是通过五层纸板裱胶制成的。常规纸板设备生产线、制造工艺和质量控制技术等均较为成熟。

瓦楞纸板是制造各类瓦楞纸箱的基材。瓦楞纸板是由箱板纸和瓦楞芯纸黏合而成的板状物，如图 2-1。以五层瓦楞纸板为例，从上至下，其结构名称分别是面纸、瓦楞 1、夹芯纸、瓦楞 2、里纸。

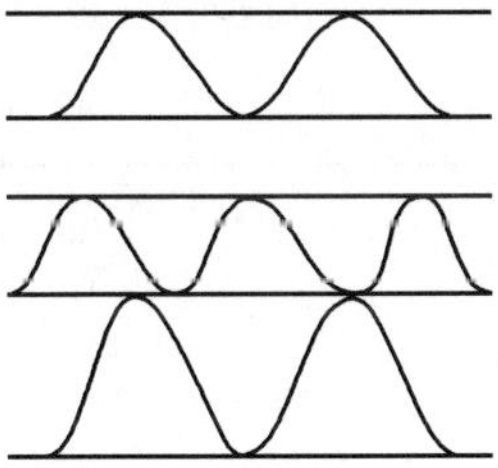

面纸：常用的有挂面牛皮纸、全木浆牛皮纸、涂布（挂面）白板、箱板纸等，部分高档的包装箱也用白卡纸等，一般克重在 $127g/m^2 \sim 300g/m^2$ 之间，部分特殊产品克重更高。国内箱板纸生产厂家较多，常用的有玖龙、理文、东泰、青山等知名品牌，总体上是向着低克重高强度的趋势发展。作为预印型瓦楞纸箱的预印刷面纸主要选用面层为白色的涂布或者挂面白板纸和少部分的白卡纸，白色纸张经过彩色印刷后，图文还

图 2-1 三、五层瓦楞纸板结构图

原效果较好，且色泽艳丽。其次纸张种类不同，性能和价格差异很大，一般在2500元/吨～10000元/吨，一般白卡纸较贵，挂面白色牛皮纸次之，最差的是涂布白板等。面纸外观不允许有裂口、洞眼、卷边、脏污、褶皱等影响使用的缺陷。其他物理指标在采购和验收的过程中也必须有效控制，包括纸张定量偏差、含水率、耐破度等。包装印刷企业购买箱板纸时，一般要结合公司的实际情况和国家的检验标准进行验收，如表2-1所示。

表2-1　　　　　　　　箱板纸的检验标准：箱板纸 GB/T 13024—91

指标名称	单位	规　定				
		a	b	c	d	e
定量	g/m²		200±10.0		310±15.5	
			230±11.5		360±18.0	
			250±12.5		420±21.0	
			280±14.0		475±23.0	
			300±15.0		530±26.5	
紧度不小于	g/m³	0.72	0.70	0.65	0.60	
耐破指数不小于 200～230g/m²	kPa·m²/g	2.95				
250g/m² 以上		2.75	2.65	2.50	1.10	0.90

　　选择采用预印刷工艺加工的面纸，一般建议选择较好的挂面白色牛皮或者白卡纸，主要考虑到质量较好，且印刷后的面纸会经过170度以上高温的加热通道，且面纸向下，在高温的铁板表面在毛毯的压力和摩擦力的拖动下完成纸板黏合剂的干燥，同时纸张表面印刷的图文也会在高温下与铁板摩擦。如果纸张质量较差，纸张中填充料或者表面涂料较多，在高温和摩擦力的作用下会出现掉粉现象，造成印刷图文丢失等缺陷。其次较好的纸张在生产加工过程中质量控制较优，因此整批纸张的色料比例控制适当，生产的纸张的批次纸张的色差较小，印刷后的图像还原效果也较好。

　　瓦楞：瓦楞是构成瓦楞纸板，提供和改善瓦楞纸板特性的关键组成部分，呈有规则的永久性的波纹形纸，瓦楞性能直接决定了纸板成型质量和成型后的诸多物理性能，比如纸板边压强度、纸箱的抗压强度、纸板戳穿强度等。目前国内常用的楞型有A、C、B、E四种，国外还有K、F等型号。包装印刷企业采购和验收瓦楞原纸时，主要对原纸的定量、含水率、环压指数等指标进行检测，检测项目如表2-2所示。

表2-2　　　　　　　　各种瓦楞性能参数比较

型号	A	C	B	E
名称	大瓦楞	中瓦楞	小瓦楞	微瓦楞
高度 mm	4.5～5	3.5～4	2.5～3	1.1～2
个数/30cm	34±2	40±2	50±2	96±4
压楞系数	1.53	1.46	1.37	1.25
平面压力	最差	较差	较好	最好
垂直压力	最好	较好	较差	最差
平行压力	最差	较差	较好	最好
缓冲性	最好	较好	较差	最差

四种瓦楞既可以单独使用，生产单面瓦楞纸板，性能有一定的差异，适用范围不同，如表2-3所示；也可以根据客户需要随机组合，但是瓦楞1一般高度是小于瓦楞2的，主要考虑面纸的平整度、印刷效果和包装容器的防护性等。目前瓦楞芯纸主要使用高低强度的瓦楞原纸生产加工，一般克重在 $90g/m^2 \sim 150g/m^2$，部分要求较高的纸箱还使用箱板纸、牛皮纸等高强度、高克重纸张进行成型加工。企业采购时一般会参考国家标准进行检验，如表2-4所示。

表2-3　　　　　　　　　　四种常用楞型的实用性表

楞型	缓冲性	箱的强度	箱的实用性	印刷效果	用途适用性	
A	大	大	较少	差	外包装	中大箱
C	↓	↓	一般	↓	外、内	中小箱
B	↓	↓	一般	↓	内包装	中小箱
E	小	小	广泛	好	内包装	中小箱

表2-4　　　　瓦楞原纸检验技术标准国家标准：瓦楞原纸 GB 13023—1991

指标名称	单位	规定			
		a	b	c	d
定量	g/m^2	112±6.0 160±8.0	127±6.0 180±9.0	140±7.0 200±10.0	
紧度不小于	g/cm^3	0.5			
横向环压指数 $112g/m^2$ 不少于 $127\sim140g/m^2$ 不少于 $160\sim200g/m^2$ 不少于	$N \cdot m^2/g$	7.10 7.70 9.20	5.50 6.30 7.70	3.80 4.40 5.50	3.30 3.50 3.50
纵向裂断长不少于	km	4.30	3.75	2.70	2.15
交货水分	%	8.0 ± 2.0	$8.0\pm^{3.0}_{2.0}$	$9.0\pm^{3.0}_{2.0}$	

夹芯纸：只有五层及以上的瓦楞纸板才有这一部分，夹芯纸位于两瓦楞之间，起连接作用。常用材料多为瓦楞原纸、箱板纸等，一般克重在 $105g/m^2 \sim 250g/m^2$，少部分也使用牛皮纸等。

里纸：用料和面纸较为相近，一般常用挂面牛皮纸、全木浆牛皮纸、箱板纸等，一般克重在 $127g/m^2 \sim 300g/m^2$。

第三节　瓦楞纸箱生产工艺

目前，国内瓦楞纸箱根据印刷方法和工艺不同，习惯上分为三种方法：普通水印型生产法、彩色印刷贴面生产法、预印型生产法。

1. 普通水印型生产法

普通水印型生产法是国内生产瓦楞外箱的最主要的方法，其生产加工流程是：瓦楞纸板生产线生产瓦楞纸板后，经分纸压线、水性印刷、开槽切角、冲孔、钉箱等多道工序后成型制箱。其工艺流程如图2-2。

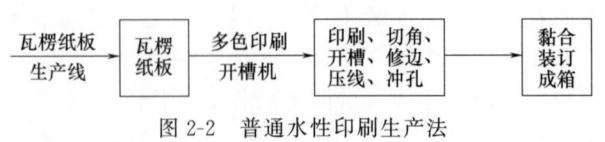

图 2-2 普通水性印刷生产法

该生产工艺非常成熟，是大多数普通型瓦楞纸箱的基本生产工艺流程，用该工艺生产的瓦楞纸箱色彩较为单一，印刷效果也较为一般，能满足印刷要求不高的产品需求，较难适应高档次印刷的瓦楞纸箱生产需求。

2. 彩色印刷贴面生产法

彩色印刷贴面生产法是国内生产彩色印刷瓦楞纸箱的主要生产工艺方法之一，其工艺流程也较为成熟，胶印印刷彩色面纸与多层瓦楞贴面复合后，进行模切、开槽等成型，最后装订或黏合成箱，如图 2-3。

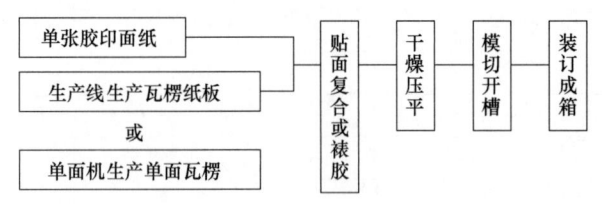

图 2-3 彩色面纸贴面生产法

该生产工艺较为成熟，是目前国内多数彩色印刷瓦楞纸箱的主流生产工艺方法，用该工艺生产的瓦楞纸箱不是一次性成板，工序多，故纸板在贴面、裱胶等工序中受胶水及压干等影响往往造成纸板强度大幅下降，成箱后流通防护性能较差。

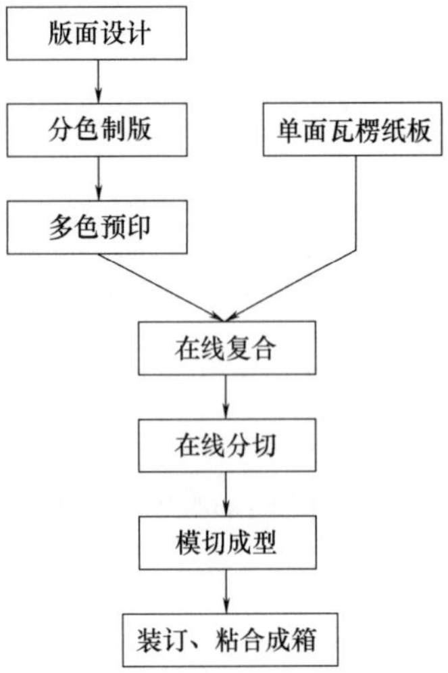

3. 预印型生产法

预印型生产瓦楞纸箱是目前行业发展的一个方向，也是彩色瓦楞纸箱生产的一个新工艺，工艺方法在国外较为成熟，在国内生产企业不多，有待推广。其生产彩色瓦楞纸箱的工艺方法如图 2-4：多色印刷机（常见的有多色凹版印刷机、多色柔性版印刷机）印刷卷筒面纸，并收卷后上到瓦楞纸板生产线上，直接复合生产瓦楞纸板，并联机完成裁切压线等工艺。下线后只需要模切或开槽成型即可成箱，与传统的纸箱后印刷相比较，质量和工艺有着较大的差异，如表 2-5。

该工艺在国内属于彩色瓦楞纸箱发展的一个新方向，考虑到卷筒材料预先完成印刷收卷等工艺，适合于印刷质量较高的大批量订单，产品具有较好的外观印刷效果、

图 2-4 彩色预印瓦楞纸箱生产法

表 2-5　　预印型瓦楞纸箱和传统水印瓦楞纸箱主要工艺技术对比

	预印刷	后印刷
印刷方式	柔性版印刷、凹版印刷	柔性版印刷为主
印刷机型	6～8 色	机组式（2～4）
印刷图文	精度高，分辨率高	简单图文、线条为主
套印精度	较高，稳定，在 0.2mm 内	较低且不稳定，在 0.5mm 内
瓦楞形状	不受压，不变形	会出现受压变形，且压印次数越多，瓦楞变形越严重
纸板强度	可达最大	会受瓦楞变形程度而降低
印刷机操作和调节	自动化程度较高	操作较简单，精度较低
生产管理	管理要求较高	品质一般

较为稳定的图像还原效果和较好的物理机械性能等。考虑到需要印刷制版和印刷后的精美图文经过高温通道加热，在设计与加工时，对版面图文设计、印刷工艺、纸张材料、油墨材料、订单数量等提出了一定的要求。

预印型瓦楞纸箱因采用卷筒纸凹版预印或者柔性树脂版预印，因此在批量化作业的基础上，印刷的精度、图像的还原效果以及色彩复制过程的稳定性等多方面有明显的优势。

第四节　预印瓦楞纸板质量控制要素

预印瓦楞纸板生产主要经过面纸多色印刷、复卷和瓦楞纸板在线复合分切等主要工序，其中卷筒材料多色预印、在线涂胶复合、分切压线是预印瓦楞纸板的重点控制要素，其工艺和质量控制是否得当直接决定了瓦楞纸箱最终成型质量。

一、预印面纸质量控制

面纸预印刷是实现预印彩色瓦楞纸板的重要工序，质量合格与否直接决定了最终瓦楞纸板复合成型质量。预印面纸质量控制的关键是彩色图文精美复制和印后卷筒纸张能够适合瓦楞纸板生产线作业。基本工艺流程如图 2-5。

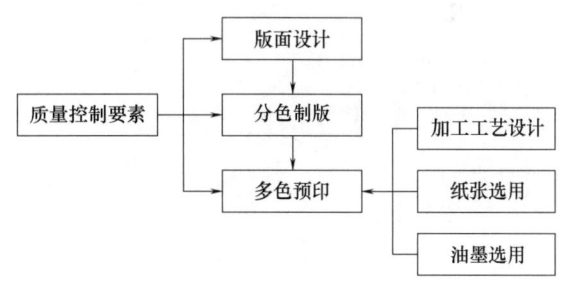

图 2-5　预印面纸加工流程

（一）预印设备

目前瓦楞纸板面纸预印方式主要有凹版印刷、柔性版印刷和少部分胶印，其中凹版印刷以设备投资少、生产效率高、图文复制精美鲜艳等特点，占据了整个市场的较大份额。用于瓦楞纸板面纸预印的设备主要有多色凹版印刷机和多色柔性版印刷机，印刷设备选用时必须满足能在线高精度、高效率的卷筒纸张印刷、干燥和收卷等，且预印后的卷筒材料能够满足瓦楞纸板生产线作业要求，表 2-6 是国内预印刷设备选用的常规技术要求。

表 2-6　　　　　　瓦楞纸板预印刷机的一般技术规格

印刷色组	4 色或 6 色 ①特殊要求可达到 8 色 ②当印刷幅面大到一定值时,采用 2 色或 4 色
纸张宽度范围	1600～3200mm ①常见为 2000～2800mm ②与瓦楞纸板宽度匹配
印刷宽度范围	1550～3150mm 一般比纸张宽度小 50mm
纸张厚度(克重)范围/(g/m²)	100～300g/m²,部分特殊要求的可达 500g/m²
最大机械速度/(m/min)	100
最大纸卷(收、放卷)直径/mm	1500～1800

瓦楞纸板凹版预印由卷筒纸在多色凹版印刷机上完成彩色图文印刷并联机上光再复卷，然后在瓦楞纸生产线上和里纸、瓦楞纸贴面成三层、五层，甚至七层的彩色瓦楞纸板，最后通过电脑模切机生成不同规格、模切压痕好的纸板，用于生产瓦楞纸箱。跟胶印预印、柔性版直接印刷相比，整个工艺过程只经过凹版印刷机和瓦楞生产线，中间停留时间短，自动化程度高，生产效率大大增加。凹版印刷对精美图文的表现力和图文质量远远高于柔性版直接印刷，且耐印率极高，减少换版时间和换版所带来的装版误差、相同印版之间的误差，印刷前后一致性好。

国内生产和使用多色凹版印刷机的厂家较多，设备制作技术也较为成熟，如图2-16，目前国内使用的多色凹版印刷自动化程度差异较大，一般一台6色凹版印刷机价格在50万～300万不等。据不完全统计，我国软包装凹印厂家有5000多家，相当一部分印刷软包装和烟酒包装，用于瓦楞纸箱预印刷的设备目前数量还不多。如食品包装印刷为代表的宝柏集团、天津顶正、黄山永新、上海紫江、大连大富等企业。折叠纸盒凹印企业有200多家，主体是中外合资企业，也有部分国内民营企业，如以烟包装印刷为主的山东烟草、浙江爱迪尔、云南侨通、深圳劲嘉、湖南金沙利等企业。

图2-6 多色凹版印刷机

目前用于瓦楞纸板预印刷的多色凹版印刷机的型号可分为：1300型、1650型、1800型、2000型、2200型及2500型，印刷色数在5～8色之间（可增加涂布等工序）。一般凹版预印机通常包括放料部、纸张预处理系统、印刷部、干燥部和收料部五大工位，如图2-6。印刷速度在120～200m/min，印刷卷筒材料在120～350g/m^{2}的卷筒铜版纸、白板纸和牛皮卡纸等，套印误差为±0.2mm。

（二）预印工艺

多色凹版预印生产工艺除了按照普通印刷品加工工艺进行版面设计、制版、印刷外，还存在着一定的差异，也是彩色面纸能够满足最终复合成瓦楞纸板的关键环节，主要包括：版面尺寸设计、纸张选用、油墨选用、印刷及后加工等。

1. 版面设计

（1）尺寸设计与补偿 图文版面设计过程中除了按照普通凹版印刷要求进行设计外，还需要考虑到纸张在经过瓦楞纸板生产线加热通道过程中的尺寸变化，进行必要的尺寸调整和印刷版面位置调整。

如图2-7所示，纸箱压痕线处有图文边界线，模切压痕时，正好在边界线处压线翻

图2-7 压痕线处有图文边线的纸箱

折。在尺寸设计时，如果只按照理论值进行设计，当预印复合后的纸板经过纸板生产线高温烘道后，尺寸将会发生收缩，导致图文实际尺寸与纸箱要求尺寸不一致，压痕后边缘会出现露白、不到边等现象。在这种情况下设计人员要想较好地设计图文尺寸，就必须熟悉各类纸张经过烘道后的尺寸变化数据。

为了较好地调整设计尺寸，我们对常用预印刷纸张进行烘道加热测试，实验数据如实验一、实验二、实验三。

① 实验。实验一：挂面牛皮纸收缩实验（表2-7）

实验条件：烘道长度：16块热板计9.6m，烘道温度：170℃，车速：120m/min，相同胶水涂布。

表2-7　　　　　　　　　　挂面牛皮纸收缩实验

纸张种类	等级	克重/g	上线前含水率/%	加热前宽幅×长度/mm	加热后宽幅×长度/mm	长度收缩率/%	幅宽收缩率/%
青山挂面牛皮纸	A	105～150	7～10	2000×1000	1986×999	0.1	0.7
		150～200	7～10	2000×1000	1990×999	0.1	0.5
玖龙挂面牛皮纸	A	105～150	7～10	2000×1000	1988×999	0.1	0.6
		150～200	7～10	2000×1000	1991×999	0.1	0.45
理文挂面牛皮纸	A	105～150	7～10	2000×1000	1987×999	0.1	0.65
		150～200	7～10	2000×1000	1991×999	0.1	0.45
平均收缩率						0.1	0.56

实验二：白卡纸收缩实验（表2-8）

实验条件：烘道长度：16块热板计9.6m，烘道温度：170℃，车速：120m/min，相同胶水涂布。

表2-8　　　　　　　　　　白卡纸收缩实验

纸张种类	等级	克重/g	上线前含水率/%	加热前宽幅×长度/mm	加热后宽幅×长度/mm	长度收缩率/%	幅宽收缩率/%
红塔白卡纸	A	150～200	7～10	2000×1000	1993×999	0.1	0.35
		200～300	7～10	2000×1000	1995×999	0.1	0.25
维什维克白卡纸	A	150～200	7～10	2000×1000	1994×999	0.1	0.3
		200～300	7～10	2000×1000	1995×999	0.1	0.25
中华白卡纸	A	150～200	7～10	2000×1000	1992×999	0.1	0.4
		200～300	7～10	2000×1000	1993×999	0.1	0.35
平均收缩率						0.1	0.32

实验三：涂布白板纸收缩实验（表2-9）

实验条件：烘道长度：16块热板计9.6m，烘道温度：170℃，车速：120m/min，相同胶水涂布。

② 实验数据分析。数据分析：

a. 造成预印面纸上线前后尺寸变化的主要因素是纸张在经过烘道前后，纸张含水率发生了变化，造成了尺寸变化。

表 2-9　　涂布白板纸收缩实验

纸张种类	等级	克重/(g/m²)	上线前含水率/%	加热前宽幅×长度/mm	加热后宽幅×长度/mm	长度收缩率/%	幅宽收缩率/%
灰底涂布	A	150~200	7~10	2000×1000	1980×998.5	0.15	1
		200~300	7~10	2000×1000	1985×998.7	0.13	0.75
平均收缩率						0.14	0.88
灰底纸张种类很多，价格差异大，主要是纸张浆料差异过大，只举一例。							

事实上，如果通过多组试验，还存在以下现象，如图 2-8、图 2-9。预印面纸在上线后，即使水分发生了较大变化，卷筒面纸长度方向上尺寸变化幅度仍较小；而幅宽方向上尺寸变化较大。前后水分差值越大，纸张尺寸变化幅度越大，但是随着差值不断增大，增加的斜率逐渐减小。

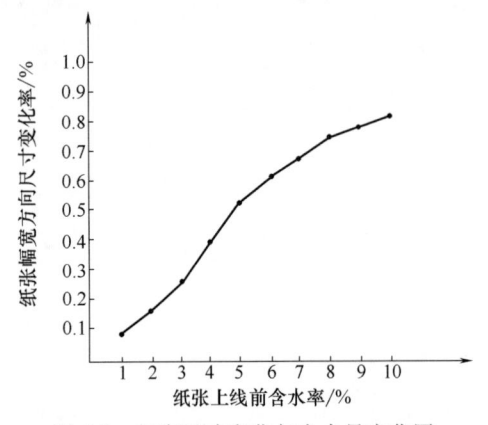

图 2-8　幅宽尺寸变化与含水量变化图

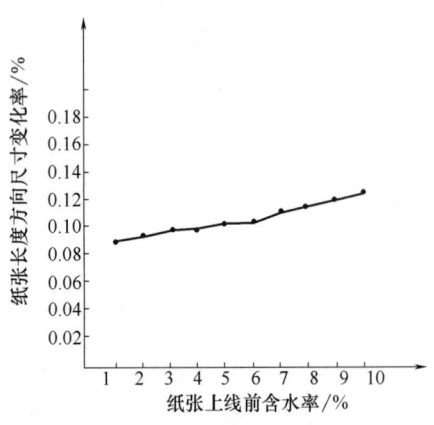

图 2-9　长度尺寸变化与含水量变化图

b. 造成纸箱横纵向尺寸变化幅度差异较大的主要因素是纸张制造过程中纤维取向和纤维成分不同所致。卷筒纸张长度方向是大部分纤维取向方向（一般在60%以上），故尺寸变化较小，幅宽方向则是大部分纤维并列方向，尺寸变化较大。事实上，不同等级的纸张在纸板线上加热前后的尺寸变化也不一致，主要是纸张纤维成分、纸张紧度、填充料等差异较大所致。等级越低尺寸变化越严重，一般每降低一个等级，尺寸变化幅度增加 0.1% 左右。

结合以上数据，在设计精美图文印刷时，尤其是版面存在边界压线时，必须考虑印刷纸张在加热过程中的尺寸变化，并进行相应的调整。

③ 案例设计。客户批量采购四摇盖纸箱（0201型），外尺寸是 60＊40＊50cm，基本结构如图 2-7，版面图文设计如图 2-10。

纸箱长（$L1$）、宽（$B1$）、高（$H1$）分别是：60cm、40cm、50cm；

纸板理论尺寸是：长（$L2$）＝4＋60＋40＋60＋40＝204cm　宽（$B2$）＝50＋20＋20＝90cm

正唛图文尺寸：长（$L3$）＝60cm　宽（$B3$）＝50cm

侧唛图文尺寸：长（$L4$）＝40cm　宽（$B4$）＝50cm

根据上述实验数据进行尺寸设计，纸板长度方向是卷筒纸张的纤维方向，在加热的过

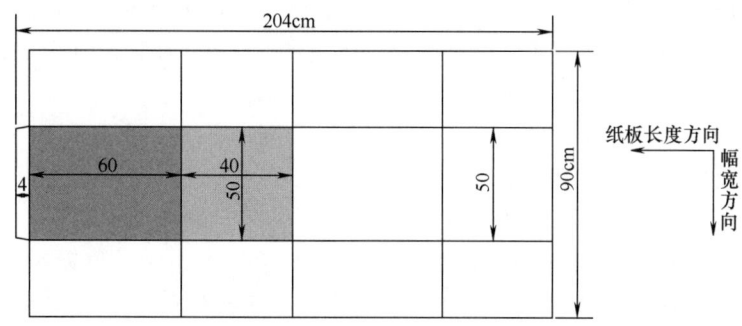

图 2-10 客户需求结构和尺寸

程中,尺寸伸缩变形较小,一般在 0.1% 左右;而纸板宽度上,则会在加热过程中,尺寸发生较大变化,变形率一般在 0.25%~0.88%,未提供材料时,取中间值 0.6%。

结合本纸箱实际尺寸进行调整,各尺寸应设计为:

纸箱长 ($L1^*$)、宽 ($B1^*$)、高 ($H1^*$) 分别是:

长 ($L1^*$) = 60×1.001 = 60.06cm

宽 ($B1^*$) = 40×1.001 = 40.04cm

高 ($H1^*$) = 50×1.006 = 50.3cm

纸板设计尺寸是:长 ($L2^*$) = 4+(60.06+40.04)×2 = 204.2cm

宽 ($B2^*$) = 50.3+(20+20)×1.006% = 90.54cm

正唛图文尺寸:长 ($L3^*$) = 60.06cm 宽 ($B3^*$) = 50.3cm

侧唛图文尺寸:长 ($L4^*$) = 40.04cm 宽 ($B4^*$) = 50.3cm

当正唛和侧唛设计正版图文,如图 4-3 时,尺寸设计还要考虑到模切的精度,适当再放大 0.05cm,最后图文设计尺寸:

正唛图文尺寸:长 ($L3^*$) = 60.11cm 宽 ($B3^*$) = 50.35cm

侧唛图文尺寸:长 ($L4^*$) = 40.09cm 宽 ($B4^*$) = 50.35cm

最后整个瓦楞纸箱展开图尺寸如图 2-11 所示:

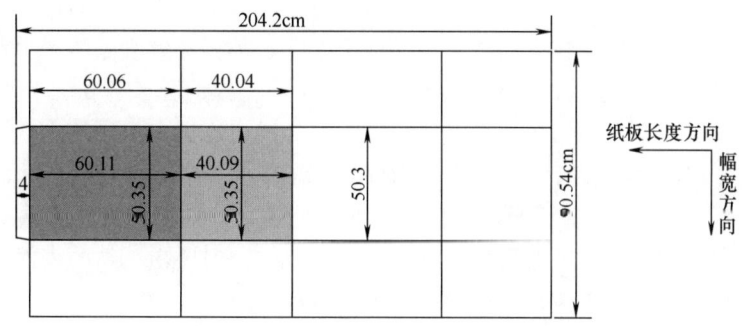

图 2-11 预印面纸设计尺寸

以上尺寸设计是在印刷用纸含水量符合检验标准的前提下进行的,当纸张含水率超过实验含水量 7%~10% 时,设计尺寸还存在一定的变化。

部分公司为了控制纸张图文收缩,采用预热处理,降低卷筒印刷纸张的水分。通过这种方式，一定程度上可以控制纸张的含水量，减轻纸张经过热通道时的收缩比例，但是没有办法绝对控制纸张不收缩；同时需要指出的是，卷筒材料在印刷前进行水分调整，一定程度上容易使纸张表面不平整，容易影响印刷精美效果。

（2）预印色标设计 预印色标也是预印与普通印刷的另一个重要差别，预印色标主要是方便瓦楞纸板复合后在线定位精确分切。

色标的颜色与背景颜色应有鲜明的色调差异。色标的检测范围越小，检测精度就会越准确；但色标太小，色标的检测器感应的范围就会变小。所以色标印制要求做到色标精细，同时又要保证检测器的最小的检测范围。如果色标的长宽为20mm×5mm，切准范围就在5mm之内，如果能把色标印得更小，如10mm×2mm时，切纸精度就能提高到1mm。为了防止因色标印得太短，纸板生产中又出现左右横移超出检测器检测范围，造成色标跟踪系统无法感应的现象，就必须在色标跟踪系统上增加左右自动纠偏装置。

2. 材料选用

材料选用主要从三个方面加以控制，其一是油墨选用，其二是印刷纸张选用，其三是印版选择。

（1）纸张选择 用于凹版预印的面纸在选用时与普通凹版印刷存在一定的差异，通常只选用 $120\sim350g/m^2$ 的高强度、平整度较高的牛皮纸、白卡纸、涂布白板纸等。

为了较好地转印图文，承印材料一定要使用表面平滑度好、印刷适应性强、含水量稳定（7%～10%）的涂布白面纸、进口涂布牛卡和国产灰底白板等，纸张表面平整度和印刷适应性直接决定能否印刷出高档彩色瓦楞纸箱面纸。

（2）油墨选择 预印彩色面纸是瓦楞纸板加工的一个重要部分，印刷的彩色面纸除了满足印刷精美的图文，还要上瓦楞纸板生产线。在纸板生产线上的二次加工过程中，面纸与设备发生摩擦是必然的，而印好的图案绝不能因此发生磨花甚至被蹭掉。因此，预印技术对油墨的耐热和耐摩擦性能也提出了新的要求。

① 要求油墨具有耐热和耐摩擦性。瓦楞纸板生产线压实烘干通道的长为10～20m，烘干温度为170～200℃。印刷面在高压、高温条件下要拖行10～20cm，时间约为10s。这就要求油墨和光油必须具有极好的耐热和耐磨擦性，如果油墨和光油所选用的树脂不耐热、耐磨，发生变软、发黏或者油墨变色，以及发花，都会导致废品的产生。

② 要求油墨层有合适的表面摩擦系数。纸箱使用厂家的检验方法是：将已装满产品的纸箱先水平放在一个活动的板面上，然后以一定的线速度提高板面的一端，当固定端的角度小于或等于24°时，纸箱不能滑动；当固定端的角度大于或等于30时，纸箱必须滑动；在大于240°、小于30°的区间可以滑动也可以是静止。如果仅仅要求油墨层耐磨是不难的，在油墨中加入很多耐磨的助剂就可达到这个目的，但要求纸箱的表面要具有合适的摩擦系数，这对油墨制造业来说就有相当大的难度。

③ 要求油墨符合环保要求。虽然我国在纸箱预印方面还大量使用环保系数较低的油性凹版油墨，但符合环保要求的醇溶、无苯油墨已逐步成为主流，各大印刷厂和油墨生产厂对于水性油墨的推广也进行了有益的探索。除了溶剂环保要求外，对于油墨中的重金属、有毒物质、致癌物质含量也提出严格要求，如对油墨干膜的重金属含量限制，国际惯用标准就有欧盟的 EN—71 和美国的 ASTM—F963—96a，标准对比见表2-10。

表 2-10　　　　　　　EN-71 和 ASTM 标准对比表（含量单位：mg/kg）

	可溶砷	可溶钡	可溶镉	可溶铬	可溶汞	可溶铅	可溶锑	可溶硒	总铅量
EN-71	25	1000	75	60	60	90	60	500	—
ASTM	25	1000	75	60	60	90	60	500	600

预印的凹版印刷机所采用的油墨主要以醇溶性油墨为主或纸张专用水性凹印油墨。目前国内有不少厂家生产低污染、高耐磨的凹版油墨，常用的有：天津东洋油墨厂生产的"天狮"牌油墨，能满足水性纸张凹版印刷，其成本低无污染，符合国家环保要求。山西精华科工贸生产的凹版纸箱预印油墨，以纤维素为基料，主要溶剂为醇和酯，与水性油墨和胶印油墨相比，此种油墨色泽鲜艳，光泽度高，耐磨，耐180～250℃高温，印刷适应性好，印刷图案清晰，色彩表现细腻，且对大多数的印品表面具有优良的附着力。

（3）印版选择　预印的印版采用钢制的镀铬电雕凹版，凹版的网线数可达300线以上，完全适合实地版印刷和色调过渡的网点层次版印刷，只是纸张印刷的凹版在加工时比印刷塑料薄膜的凹版图文略深，因为价格略贵。目前国内制版厂家较多，如上海运城、南方制版、三门峡蓝雪等厂家生产的电雕版均已达到国际先进水平。

3. 印刷及后加工工艺

传统瓦楞纸箱面纸除了彩色图文印刷外，往往还进行上光、覆膜，少数还进行其他的后加工，如烫金等。

在预印面纸的加工上，必须考虑纸板生产线加工工艺要求，表面上光的产品只能选择耐热、耐磨的光油进行印刷涂布，像覆膜、烫金等工艺一般不适合，主要是面纸经过烘道高温时，容易出现氧化和磨损等。

（三）预印面纸合格评价

预印面纸合格评价一般包括：内容是否准确，是否完全与样品或客户提供的资料一致，套印精度是否完全满足客户的要求或者是国家相关标准，颜色阶调控制、印品尺寸是否完全与客户要求一致，干燥版面、工艺是否满足上线要求等。下面我们对一般公司面纸检验要求和评价要求进行归纳，详见表 2-11。

表 2-11　　　　　　　　　　预印面纸合格评价表

项目	评价标准	质量影响
内容准确	印刷品图文内容转印的完整性和正确性是至关重要的。 检验项目：图文内容、图文位置等。	必须正确，严重错误产品报废。
套印	为了有效控制凹版印刷质量，国家标准 GB/T 7707—2008 对凹印套色给出了明确的规定。企业生产过程也常参考行业标准：CY/T 6—1991 凹版印刷品质量要求及检验方法。标准中将印刷品分为精细印刷品和一般印刷品，同时规定了不同印刷品的不同部位的套准精度值，单位为 mm。 | 部位 | 精细印刷品 ||| 一般印刷品 ||| |---|---|---|---|---|---|---| | | 四开 | 对开 | 全开 | 四开 | 对开 | 全开 | | 全体部位 | <0.10 | <0.15 | <0.20 | <0.20 | <0.30 | <0.50 | | 一般部位 | <0.15 | <0.20 | <0.30 | <0.30 | <0.40 | <0.60 |	多色套印是彩色图文再现的基本要求，如果套印不准，或超过标准后，易图文重影等，严重影响视觉效果。

续表

项目	评价标准	质量影响
颜色阶调控制	彩色凹印印品的暗调见表所示,明调则需要满足精细印刷品的有效密度不小于0.08～0.20,一般印刷品的有效密度不小于0.10～0.22。凹印生产中产生印版磨损的因素很多,并且这些因素也是客观存在,进而造成凹印印品的颜色和阶调丢失。 凹版彩色印刷品暗调密度范围(行业标准:CY/T 6—91) 	色别	精细印品有效密度	一般印品有效密度
------	----------------	----------------
黄(Y)	0.90～1.10	0.85～1.05
品红(M)	1.20～1.50	0.15～1.45
青(C)	1.40～1.70	1.30～1.60
黑(BK)	1.60～1.80	1.50～1.80		印刷品颜色色相及阶调直接影响到图文的视觉效果,在生产过程中影响因素较多,包括印版、油墨、溶剂、速度等。
印品干燥	凹印油墨主要使用溶剂型油墨,印刷时,应根据承印材料的种类、印刷速度、图文面积、墨层厚度调整各单元的干燥温度。温度不宜过高,一般控制在80℃以下,最好不要超过100℃,否则会出现承印材料收缩、影响套准、油墨堵版、印刷起斑等问题,而且油墨干燥过度,印版滚筒与刮刀之间的摩擦力相对加大,对印版滚筒的寿命也有一定的影响。还有环境湿度过大时,油墨分散性变差,印版滚筒不容易刮干净,为此就不得不相应增加刮刀的压力,也就相应增大了刮刀对印版滚筒的摩擦。干燥温度过低则引起油墨干燥不良,造成反粘,产生重影。因此凹印生产过程中,合适的干燥参数是印品成像质量的保证。	
版面尺寸	预印彩色面纸不同于普通凹版印刷,主要考虑到印后面纸必须经过瓦楞纸板生产线较长时间的高温加热。图文设计时,应该考虑到尺寸伸缩变化,进行一定比例的调整。	
工艺是否满足上线要求	印刷选用的油墨是否能够满足生产线作业要求,包括耐高温、耐摩擦、耐碱; 印刷及后加工工序是否满足生产线作业要求,包括上光、覆膜、烫金等,有些工艺加工后,在瓦楞纸板生产线上经过较长时间的高温,容易变形、氧化等,反而造成面纸质量不合格。	

二、单面瓦楞纸板在线质量控制

单面瓦楞纸板通过瓦楞纸板生产线或单面机生产加工,再与彩色预印面纸在线完成涂胶复合。目前单面瓦楞制造技术较为成熟,在线质量控制一般只要通过外观和物理性能检测,具体检验项目如表2-12,检验合格即可使用。

表2-12　　　　　　　　外观和物理性能检测项目表

项目		评价标准	质量影响	测量工具
外观检验	楞型	常用瓦楞楞型以UV型为主,外观如下,在线检查楞型时,仔细观察,看楞型定型是合格。	楞型反映了瓦楞定型状况,影响黏合和其他多种物理性能。	标准试样
	楞高	瓦楞共有A、B、C、E四种,高度标准: A:4.5～4.8mm　　C:3.4～3.8mm B:2.5～2.8mm　　E:1.1～1.4mm 检验以A型楞为例: 正常形状　压扁顶部　压成矩形　完全压扁 4.9～5.0mm　4.7～4.8mm　4.5～4.7mm　3.9～4.1mm	在线检查关键项目,楞高是否合格直接决定了纸板成型后的表面平整度和多项物理性能。	QD-3055A 纸和纸板厚度仪 测量范围:(0～4)mm,分度值0.01mm 接触压力:(100±10)kPa 接触面积:(200±5)mm² 测量面平行度:≤0.005mm

续表

项目		评价标准	质量影响	测量工具
外观检验	粘合	单面瓦楞黏合效果也是检测的重要指标。在线生产过程中，质检和生产人员会不定时的从同一幅宽上撕下部分纸板，快速剥离检查黏合效果。 判断标准：剥离时，要有部分纤维或纸屑被另一层带走，否则认为黏合效果不佳。	黏合效果是纸板定型的保证。黏合不良易造成性能下降，影响后续加工。	肉眼判定
	涂胶量	涂胶量直接决定了黏合效果，也影响到纸板物理性能。 判断标准： 楞峰涂胶宽度在 0.6~1.0mm 之间，超过了判定为涂胶压力和涂胶量过大，反之判定过小。	涂布量直接决定了黏合效果，应控制在一定范围内。	游标卡尺 精度：0.02mm
物理性能	压力	压力主要体现在瓦楞里纸和瓦楞楞峰上的压力痕迹，检测分为两大压力，一是瓦楞定型压力，二是涂胶、热压合压力。 判断标准： 压力线痕迹较轻，颜色呈浅灰色，不是很明显，判为压力较合适。颜色呈黑色，甚至有破裂现象，判为压力过大。无压力痕迹，判为过轻。	涂布、定型、热压压力大小直接决定了瓦楞纸板最后成型质量，压力过大容易造成破裂，造成强度降低。	标准试样
	含水量	含水量是纸板中水分的比例。 判定标准： 面纸的含水量一般在 8%~12% 之间；刚从单面机出来的单面瓦楞含水率一般在 15%~20%；天桥冷却后的单面瓦楞一般在 10%~15%。	含水率高低直接决定了纸板硬度和后续加工。	加热恒温烘箱：0~200℃ 高精度天平：0.01g
	粘合强度	黏合强度是衡量黏合效果的一个方面，一般出口纸箱都有基本要求，但是要指出的是：黏合强度过高过低都是不好的，该指标只能作为一个参考性指标。 检验标准： 根据国家标准 GB/T 6544—2008 瓦楞纸板中的附录 B 瓦楞纸板黏合强度的测定要求，包括试样取样、测试方法、试验步骤、结果表示等。	黏合强度作为黏合效果的参考指标。	QD-3013 微电脑压缩强度测试仪 QD-3012C 瓦楞纸板剥离强度试验架
	其他	有条件的可以检测其他的物理性能。		

三、多层涂胶热合

多层涂胶热合是多层瓦楞纸板在线复合的重要工序，该工序直接决定了多层瓦楞纸板最后贴合和定型质量。

1. 操作工序

预印面纸和单面瓦楞在纸板线双面机处进行涂胶复合，再进入加热冷却通道，完成纸板复合定型，复合的基本原理如图 2-12，操作基本工艺如图 2-13。主要设备包括：多重预热系统、供胶涂胶循环系统、张力控制系统、卷筒纸张供应系统、加热冷却通道和加热系统等。该工序是形成瓦楞纸板的关键工序，控制是否得当直接关系到纸板最终定型复合质量。控制重点要素有：单面瓦楞纸板复合张力控制、黏合剂质量及黏合剂涂胶量控制、多层材料复合边对齐控制、加热温度和速度的匹配控制、纸板热复合压力及加热板表面清洁控制等。

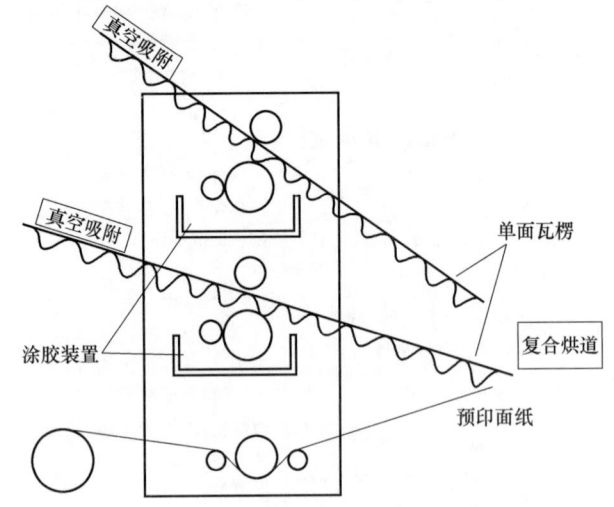

图 2-12 多层材料双面机复合的基本原理图

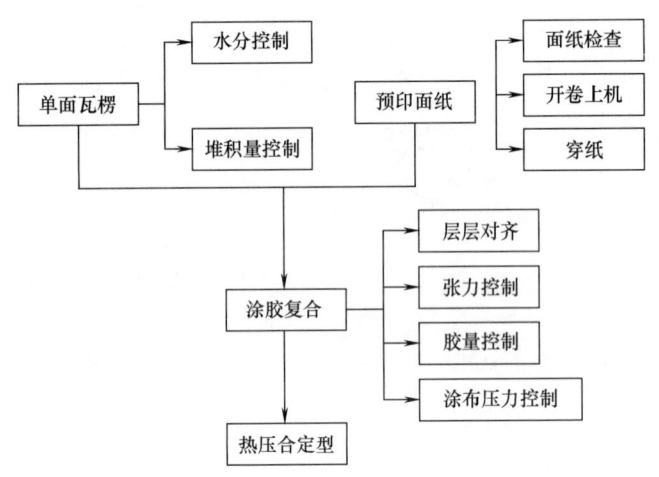

图 2-13 双面机操作工艺

2. 控制要素

（1）复合层张力控制　多层瓦楞纸板涂胶复合时，张力控制是瓦楞纸板复合定型的关键控制要素之一，预印面纸张力控制主要通过原纸支架张力控制器控制，常见的有机械式和气动式等。张力较大，一般通过经验和压力表读数进行控制。张力过小，面纸复合时容易产生不平整，导致起皱、起泡等质量缺陷。单面瓦楞主要通过真空吸附和机械摩擦等方式进行张力控制，一般刚开始复合时，张力略小，主要避免断纸和拉不动等。

目前张力控制系统有开环式和闭环式两种。开环控制是依靠位于开卷机构和收卷机构两端的信号发生器完成，此类控制或只有调节装置或只有调节与检测装置，没有反馈装置，无法形成随机调节，如图 2-14。

图 2-14 开环式张力控制系统

闭环控制适用于高速生产线,通过张力控制装置随时测定卷筒材料的实际张力值,与预定张力值比较,得到反馈信号后,通过张力控制装置对卷材张力进行调节,直至实际张力值与设定值相同,如图 2-15。

(2) 黏合剂质量和涂胶量控制 黏合剂质量和涂布量是多层瓦楞纸板黏合质量的关键因素之一,目前瓦楞纸板复合黏合剂主要是淀粉黏合剂,根据车间生产环境、温湿度等进行配置,一般主体成分是淀粉、水、硼砂、烧碱及改善性能的添加剂等(表 2-13)。双面机使用的黏合剂要求当天配置,较单面机黏合剂质量要求略高,同时需要严格控制黏合剂的固含量、糊化温度、pH 值等技术指标。

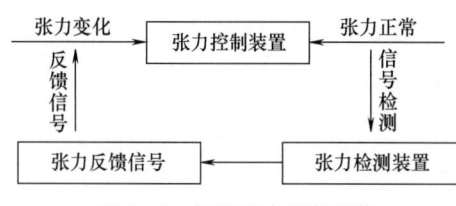

图 2-15 闭环张力控制系统

黏合剂在涂布的过程中,涂布量和涂布压力大小直接关系到胶水涂布效果和涂布干燥后的黏合效果。糊辊间隙的调整应以芯纸楞尖能够均匀地涂上黏合剂(表 2-14)、纸板黏合良好,涂胶宽度通常在 0.6~1mm,同时应该结合纸张材料、克重、是否施胶等进行适当调节。根据生产统计,目前常用单面瓦楞纸板涂布量 60~100g/m²,涂布量过大虽然可以提高黏合强度,但容易造成瓦楞楞峰坍塌,影响纸板厚度和其他物理指标。

表 2-13　　　　　　　　五层瓦楞纸板生产线常用黏合剂配方

成分	用量	比例	作用
玉米淀粉	180	15%	糊化物质,黏合剂的主体成分
水	1000	83.3%	分散剂,提供胶水反应和流动性
烧碱	11.5~12.5	1%	糊化剂,破坏淀粉氢键,降低糊化温度
硼砂	6	0.5%	交联剂,改善胶水糊化黏合效果和强度
强固化剂(干燥剂)	4~5	0.4%	胶水催化干燥剂,改善胶水干燥效果、时间和强度
其他(消泡、防腐等)	少量	0.1%	改善黏合剂稳定性

表 2-14　　　　　　　　涂布辊间隙(涂布压力)与纸张用料关系

楞型	楞高/mm	涂胶压辊间隙/mm
A	4.7±0.3	4.3~4.7
C	3.7±0.3	3.3~3.7
B	2.7±0.3	2.4~2.7
E	1.1~2.0±0.2	1.0~1.8

(3) 多层材料复合边对齐　多层复合对齐对于生产有着较高的要求,企业为了提高纸张利用率,通常拼排的较为紧张,早期用纸宽比实际尺寸宽大5cm,现在大2cm就上线了。考虑到纸板缩水变形和纸边对齐等,质量控制有一定的难度,故多层材料在复合时,纸边对齐成为严格控制点,很多公司还规定在3~5m内要完成对齐。

(4) 加热温度、速度的匹配控制　为了更好地控制瓦楞纸板生产速度和干燥效果,生产复合时,必须结合加热通道温度进行调节,见表2-15。应该注意的是,蒸汽压力和温度显示的是汽体管道中的数据,实际表面数据通常差15~20℃。

表 2-15　　　　不同速度瓦楞纸板机使用的蒸汽压力与温度的关系

速度(m/min)	蒸汽压力(表压)MPa(kgf/cm^2)	温度(℃)
60	0.875~0.883(8~9)	174~179
80	0.883~1.079(9~11)	179~187
100	0.981~1.177(10~12)	183~191
150	1.177~1.275(12~13)	191~194
200	1.177~1.275(12~13)	191~194

事实上生产速度除了受到加热温度的影响外,还与加热烘道的长度有一定的关系,其长短直接决定了糊化干燥时间,一般在安装生产线时,加热通道的长度已经结合了设备生产能力。

(5) 纸板热复合压力控制　纸板复合时,多层材料经过加热通道,在高温下完成黏合剂糊化黏合。此时纸板含水量较高,质地较软,通道皮带的压力控制对纸板成型厚度的影响较大,调节通道复合间隙控制压力显得较为重要,见表2-16。

表 2-16　　　　纸板热复合压力

楞型	楞高/mm	间隙/mm
A	4.7±0.3	4.3~4.7
C	3.7±0.3	3.3~3.7
B	2.7±0.3	2.4~2.7
E	1.1~2.0±0.2	1.0~1.8
AB	7.4±5	7.0~7.5
CB	6.4±5	6.0~6.5

(6) 加热板的表面清洁　预印瓦楞纸板的面纸材料通常会选用白色纸张,凸显印刷精美图文,然而白色纸张在印刷、复合等过程中容易污染,尤其是经过热复合通道时。造成白纸表面污染的因素较多,常见的有加热通道不洁、涂布白纸板受热碳化和吸脏等,同时还要注意及时清除污染加热通道的黏合剂。

3. 合格评价

通过规范的工艺操作可以生产出符合标准的纸板,其次通过外观检查和部分物理机械性能的检测,能够较好的控制纸板质量。详见表2-17、表2-18。

表 2-17　　　　　　　　　　　　　　　合格评价表

项目		评价标准	质量影响
外观	厚度	瓦楞共有 A、B、C、E 四种,高度标准: A:4.5～4.8mm C:3.4～3.8mm B:2.5～2.8mm E:1.1～1.4mm AB:7.0～7.6mm BC:5.9～6.6mm BE:3.6～4.2mm EE:2.2～2.8mm	在线检查关键项目,楞高是否合格直接决定了纸板成型后的表面平整度和多项物理性能
	表面平整	样品对比	表面平整度直接影响美观效果和物理性能,包括戳穿强度、纸板边压强度、纸箱抗压强度等
	图文完好度	预印面纸在复合后,面纸经过高温通道,在压力和拖动摩擦的条件下完成热合干燥,容易造成图文表面损伤。 检验标准: 表面图文油墨无明显损伤; 表面无明显划伤; 表面光油层有较好的光泽	图文完好效果直接决定了纸箱成型后的美观和光泽
	边缘对齐	边缘对齐往往会影响纸板最后分切尺寸。 检验要求: 纸板有效尺寸大于设计尺寸 5mm	边缘对齐直接影响最后成型尺寸
物理性能	黏合	检验标准: 1. 手撕观察:剥离各层纸板,分离时有明显的纤维剥离。 2. 黏合强度测试:5.88×10^3 N/m。实验数据只作为参考,不能用黏合强度来衡量纸箱性能 （图示：渗透黏合、凝聚黏合、面纸、黏接剂肩、表面黏合、渗透黏合、瓦楞）	黏合效果直接决定了纸板定型效果,对纸板和纸箱的物理强度有着直接影响。同时对包装流通防护效果有着明显的影响
	含水率	检验标准: 纸板线刚生产的瓦楞纸板含水量较高,纸板柔软,需要半个小时以上的抽风、冷却定型。半小时后的含水率一般在 8%～15% 以内,过高,纸板强度不够;过低,不利于后续加工	含水率直接影响纸板的硬度和其他物理指标
	其他物理指标	常规检测的物理指标一般包括:戳穿强度、纸板边压强度、耐破度等。检测的标准一方面根据客户需要,另一方面根据国标 GB 6544—3008,见表 2-18	指标作为参考,部分客户提出要求后,根据要求进行材料选择进行控制

表 2-18　　瓦楞纸板检测标准 GB 6544—2008

代号	瓦楞纸板最小综合定量	优等品			合格品		
		类级代号	耐破强度（不低于）/kPa	边压强度（不低于）/(kN/m)	类级代号	耐破强度（不低于）/kPa	边压强度（不低于）/(kN/m)
S	250	S-1.1	650	3.00	S-2.1	450	2.00
	320	S-1.2	800	3.50	S-2.2	600	2.50
	360	S-1.3	1000	4.50	S-2.3	750	3.00
	420	S-1.4	1150	5.50	S-2.4	850	3.50
	500	S-1.5	1500	6.50	S-2.5	1000	4.50
D	375	D-1.1	800	4.50	D-2.1	600	2.80
	450	D-1.2	1100	5.00	D-2.2	800	3.20
	560	D-1.3	1380	7.00	D-2.3	1100	4.50
	640	D-1.4	1700	8.00	D-2.4	1200	6.00
	700	D-1.5	1900	9.00	D-2.5	1300	6.50
T	640	T-1.1	1800	8.00	T-2.1	1300	5.00
	720	T-1.2	2000	10.0	T-2.2	1500	6.00
	820	T-1.3	2200	13.0	T-2.3	1600	8.00
	1000	T-1.4	2500	15.5	T-2.4	1900	10.0

注：各类级的耐破强度和边压强度可根据流通环境或客户的要求任选一项。

四、瓦楞纸板在线分切控制

分纸压线，实际上是对瓦楞纸板生产线生产的大幅面纸板进行横切、修边、压线、纵切，最后形成预定尺寸的规格纸板。整个工艺过程需要两台设备完成，纵切机和横切机，大部分企业在生产预印瓦楞纸板时，只进行横切，较少使用在线纵切，主要是降低设备投入、减少损耗、提高生产效率。

1. 横切设备工作原理及特点

横切机俗称"飞剪"机，其功能是对生产线上产出的无限长纸板进行剪切，形成需要长度的瓦楞纸板。目前使用的横切机主要有两种，第一种是定长裁切，第二种是定位裁切，前者一般使用在普通型瓦楞纸板生产线上，后者则使用在预印型瓦楞纸板生产线上。一般一条瓦楞纸板生产线只配置一台横切机，如果纸板生产线配有纵切设备，则需要两台横切设备才能完成纸板裁切。

定长裁切一般使用在普通型瓦楞纸板生产线上，生产时，操作人员只要输入预定分切长度，设备就会自动完成分切，精度一般在±2mm范围内，故输入长度时需要在规定长度的基础上增加 2～5mm。

系统工作时，纸板进给速度每分钟几十到几百米（该速度由生产线调速系统控制），待切瓦楞纸板在横切机上下刀辊之间的间隙穿过，切刀电机根据所设定的剪切长度、瓦楞纸板的进给速度指定刀辊的运动规律等,对进给瓦楞纸板实施定长切割,即对快速进给的纸板进行"飞剪"。刀辊的运动规律与所设定的剪切长度有密切的关系。系统要求当切刀到达剪切位置时,切刀速度和给纸速度保持一致,同时要求给纸长度为所设定长度。在剪切过程中,如果切刀速度大于纸板走速,则会造成纸板撕裂;当切刀速度小于纸板速度,又会造成纸板起皱;因此剪切必须满足切刀对纸板的位置和速度的同步跟踪,在每一次剪切的过程中重复完成"加速—速度跟踪与定长剪切—减速—停止"的控制过程。

定长裁切技术成熟,目前不仅有直刀,还有螺旋刀等,目的是为了改变裁切的应力,减少刀口磨损和纸张分切处的破裂。

定位裁切则不同,凹版印刷纸箱预印生产线的重要配置是瓦楞纸板生产线上的电脑横切,即必须在瓦楞纸板生产线横切刀上加装识别横切控制功能,它的主要控制原理是由光电眼识别瓦楞纸板的印刷图案上的横切标识,将横切标识到达光电眼的时刻传送给控制电脑,再由控制电脑控制横切的时间,从而在图案的分界处准确切断瓦楞纸板。

目前国内外横切机生产厂家都能为纸箱厂安装这一功能,横切精度可控制在 0.5mm 以内,目前我国生产的瓦楞纸板生产线均可根据客户要求安装电脑横切,装电脑纵切和电脑横切,是同样的原理。

2. 定位横切生产中常见问题

预印的面纸因收卷不齐造成纸板面纸打皱,原纸在放卷过程中,时紧时松,而原纸纸架张力又为匀速张力,这就造成面纸没有绷紧,进入热板后,面纸就会起皱。如果在原纸进纸处增加张力平衡装置,这个问题就可以解决。

预印的图像在通过热板后出现缩小的现象 纸卷在印刷之前含水量偏重,再印刷过后,其含水量还会增加,在进入热板之后随着水分的蒸发,面纸就会出现缩水现象,因此印刷的图像也会随之而变小。为了减少原纸的含水量就必须对印刷前的原纸做预热处理。

预印的纸板在热板中经常出现打滑的现象 预印过的面纸表面通常都比较光滑,而油墨在预热过程中也会产生油质挥发,这样纸板在经过预热板时就很容易和热板表面黏合一起,造成很大的阻力。因而油墨必须采用高温高速型的,为了增加面纸的表面的摩擦系数,上光油也不能涂得过厚。当纸板刚开始进入热板时,热板的压力也不要调得太紧,而热板的温度也要当纸板完全进入之后再慢慢地降低一点。有必要时在棉织带的上部增加喷水喷雾装置。

切出的预印纸板出现斜坑的现象 预印的纸板在热板处压力调得不是很大,所以在出纸后会出现向左或向右的摆动现象,这样在切刀处切纸时就会出现偏差。为消除这个摆动,可以在出纸处增加一个压力轮或者增加纵向纠偏装置。

第五节　质量体系构建及常见问题处理

一、预印瓦楞纸板加工工艺流程

预印瓦楞纸板在线加工工艺流程较为复杂,一般包括:客户需求、工艺制定、材料准备、生产加工等多个步骤,详细流程如图 2-16 所示。

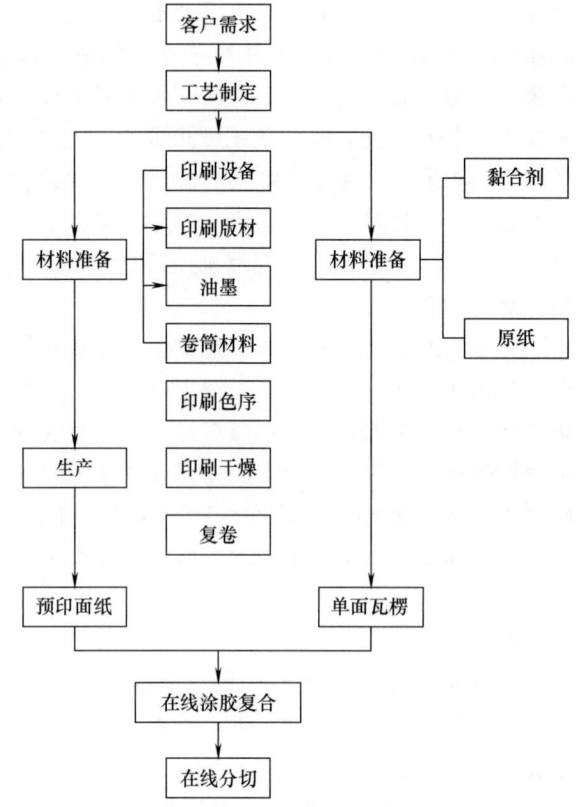

图 2-16　预印瓦楞纸板加工工艺流程图

二、在线作业质量控制图

预印瓦楞纸板在线质量控制一般包括：客户需求、工艺制定、打样确认及实际生产等工艺过程，过程详细控制如图 2-17 所示。

三、常见问题及解决方法

预印瓦楞纸板在实际生产过程中，由于包含的工序较多，质量影响因素也较多，生产过程中发生质量事故实属常事，如何高效率的控制和解决质量问题是瓦楞纸板在线质量控制的关键。结合众多质量影响因素，进行总结和分析，主要质量影响因素包括：材料问题、黏合剂问题、机械设备、预印、在线分切等。表 2-19 提供一些常见的质量问题和解决方法供参考。

四、结论

在多因素共同作用下的预印瓦楞纸板生产加工过程中，彩色面纸预印和在线复合是整个预印瓦楞纸板生产加工的关键所在，其质量要素控制是否得当直接关系到瓦楞纸板最终成型质量。根据对整个生产过程控制要素的实验和数据分析，获得以下结论：

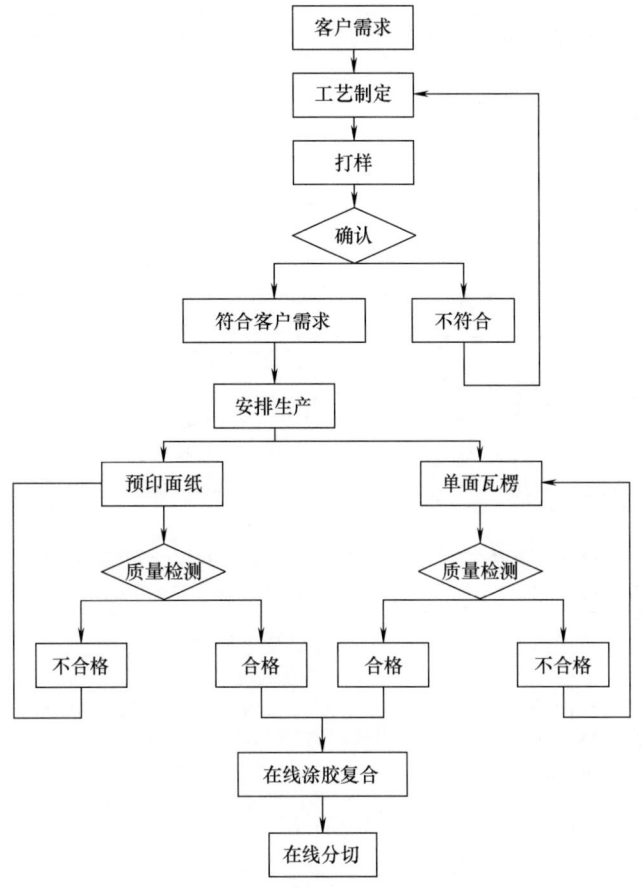

图 2-17 在线作业质量控制图

表 2-19　　　　　　　　瓦楞纸板常见质量问题及参考解决方案

(1)通过热板后图像缩小	
产生原因 ①面纸在印刷设计时,未作尺寸设计调整。 ②面纸含水量不完全符合标准,含水量偏大,经过热通道时,发生了较大尺寸的收缩变形,导致图文缩小	解决方法 ①选择较好的纸张,含水量控制在 7%~10%。既适合印刷又适合瓦楞纸板复合。 ②印前图文设计必须结合纸张性能和图文的结构,进行设计尺寸的修正。 ③对部分含水量偏高的纸张进行必要的预热处理,调整含水量,减少受热收缩率
(2)预印油墨经过烘道擦花	
产生原因 预印卷筒材料表面图文耐磨性较差,通道内不平等造成图文擦花	解决方法 ①预印油墨必须选用耐高温和耐摩擦的高品质油墨和光油。 ②及时清理加热通道内的杂质,保持通道表面光洁
(3)面纸经过加热通道时,出现打滑、面纸表面污染	
产生原因 ①预印面纸一般经过上光等加工工艺处理,使得纸张表面光滑。 ②加热通道皮带压力过小	解决方法 ①油墨必须采用高温高速型的,上光油也不能过厚。 ②纸板刚进热板时,热板压力不能调整得过紧,必要时在棉织带上部喷水,增大摩擦力

续表

(4)瓦楞纸断裂:单面机预热张力、瓦楞纸刹车器、在进入上下瓦楞辊时受到的弯曲与剪切力。

产生原因	解决方法
①瓦楞原纸质量不好。	①更换瓦楞原纸。
②瓦楞辊磨损。	②进行简易修复或更换瓦楞辊。
③瓦楞辊间隙太小。	③修正和调整瓦楞辊的贴合间隙。
④运行中机械性损坏。	④检查并修复机械性不当造成的损伤。
⑤刹车过紧。	⑤降低气刹压力减少刹车紧力。
⑥预热包角过大	⑥减少预热包角

(5)瓦楞折皱

产生原因	解决方法
①瓦楞原纸在抄造时有湿斑或料斑。	①增大预热器包角。
②瓦楞原纸的制动力不强。	②加大制动力平衡张力。
③瓦楞辊的平行度不好。	③修正或调整瓦楞辊的平行。
④瓦楞原纸含水不均衡	④适当预热或喷蒸气使其保持平衡含水

(6)瓦楞的变形
表现:没有达到规定的瓦楞高度,瓦楞变形,瓦楞形不整齐的现象。这样的瓦楞成形的纸板本身比较软,平面强度低,刚性也低,做成的纸箱抗压强度也低,戳穿强度也小。此种原因在流水线上有发生,在制箱过程中也有发生。

产生原因	解决方法
①使用了低强度的瓦楞原纸本身抗压强度不够。	①更换高强度瓦楞纸。
②瓦楞原纸水分过低或过高易变形。	②加大预热包角或喷雾均衡水分。
③上、下瓦辊压力不足瓦楞成型不好。	③调整合适压力
④瓦楞辊磨损,降低了瓦楞高度。	④更换瓦辊和压力辊可解决。
⑤双面机涂胶辊和压载辊间隙不当。	⑤调节合适间隙达到正常
⑥加热部和冷却部的加重辊压力不适当导致压溃	⑥调整加大压辊间隙高度。
	⑦加大蒸汽压力使温度升高到合适温度,或检查导致温度不好的原因以解决

(7)瓦楞的倾斜
表现:瓦楞向纸板运动方向倾斜,但还没倒塌。

产生原因	解决方法
①过纸天桥张力太大。	①减低控制器的张力。
②双面机重力辊压力太大。	②适当控制重力辊的间隙并检查平衡度。
③压纸辊与给料辊的间隙不适当。	③调节间隙到适合。
④毛布带打滑造成上下不同速	④调节毛布带的松紧到正常

(8)瓦楞高低不平
表现:相邻的瓦楞与贴合表面产生了极小的高低差,使纸板表面高低不平,并可降低抗压强度。发生高低瓦楞现象对后道印刷工序造成极大的危害。

产生原因	解决方法
①瓦楞辊表面温度不均衡。	①检查冷凝水排放情况是否符合要求。
②瓦楞辊运转不正常。	②检查两端轴承情况和传动部分。
③瓦楞辊贴合间隙不一致。	③调整和修正瓦楞辊的贴合间隙。
④瓦楞辊表面滞脏。	④清理瓦楞辊,保持干净。
⑤涂胶辊、浮辊间隙不当。	⑤调整二者间的间隙。
⑥黏合剂质量不好。	⑥检查并重新制作黏合剂。
⑦瓦楞原纸含水不均衡,张力小。	⑦适当预热处理加大张力控制。
⑧过纸天桥不均衡	⑧适当调整张力控制

续表

(9)黏合不好
表现:纸板经过初黏5min后,在外力作用下,里、面或 A、B 瓦或夹芯处被完整分离,而且所有纸张纤维完整,没有被拉毛,黏合处出现白色或无色纸条,无纤维附着。

产生原因	解决方法
①面纸张力过大。 ②面纸芯纸水分过大。 ③黏合剂附着量小。 ④帆布带升降机工作不正常。 ⑤黏合剂质量不好。 ⑥热量不够,淀粉糊化不良。 ⑦热量过高,淀粉过早凝合。 ⑧黏合剂形成团块,上胶不匀。	①调整刹车装置,减少摩擦力。 ②加大预热面或换纸,降低车速。 ③加大黏合剂附着量。 ④检查油压装置和机械调整系统。 ⑤修正黏合剂的质量,使用适合黏合剂。 ⑥检查并排除热量不足的因素。 ⑦适当减少预热或减小压力。 ⑧解决黏合剂的质量

(10)搓衣板现象
表现:瓦楞纸板表面,特别是支撑侧的挂面纸板(面纸)出现凹凸不平现象,像搓衣板,称为"搓衣板现象"。

产生原因	解决方法
①黏合剂过多。 ②黏合剂水比过大。 ③涂胶机的线压过大,间隙太小。 ④瓦楞辊磨损严重。 ⑤面板纸吸水量大。 ⑥黏合剂配制比例不合理	①减少黏合剂涂布量。 ②调配合理水比,减少水量。 ③调整涂胶机、浮辊、涂胶辊间隙。 ④更换瓦楞辊。 ⑤调整纸张,使用吸水性小的面纸。 ⑥更换配方,更改黏合剂配料比例

(11)跳楞
表现:瓦楞成型不良,高低大小不均匀,瓦楞原纸没有形成正常瓦楞的部分发生变形称为跳楞。这种现象只有在单面瓦楞纸板上发生。

产生原因	解决方法
①瓦楞原纸水分过大或过小。 ②瓦楞制动器制动力不合适。 ③瓦楞辊加压不够或不均。 ④瓦楞辊脏或损坏或轴承磨损	①水分太大,加大预热面积,过小时采取蒸气加湿。 ②调节制动器磨擦力,达到合适状态。 ③调整瓦辊压力,使之适合。 ④更换或清洗脏的部分或部件

(12)部分脱胶。
表现:两层黏合部分纸张不用外力或略加外力而分离,属不正常分离。

产生原因	解决方法
①黏合剂质量不好。 ②黏合剂附着量小。 ③瓦楞辊表面温度不均衡或温度不够。 ④双面机热板温度不够。 ⑤原纸水分过高。 ⑥车速太快。	①更换黏合剂或改善质量(渗透性)。 ②调整涂胶量的大小,增大附着量。 ③检查冷凝水排放和供气气压是否符合要求。 ④检查供气部分是否有故障。 ⑤加大预热或换纸。 ⑥适当降低车速,调节到适合速度

(13)错边
表现:面纸芯纸与瓦楞原纸的边不齐,有长有短。

产生原因	解决方法
①原纸的放置位置不当。 ②面纸与瓦楞纸参差不齐。 ③单面瓦楞纸板弯曲	①微调原纸摆放位置。 ②更换纸张或对不齐部位进行微调。 ③调整弯曲纸板的部位使之平整

续表

产生原因	解决方法
（14）翘曲。翘曲分为横向向下翘曲、横向向上翘曲、纵向向上翘曲、纵向向下翘曲、S形翘曲、双向翘曲。	
①涂胶机涂胶量过小。 ②双面机热板温度不够。 ③过桥天桥单面瓦楞纸板含水不够。 ④三重预热器加热过量。 ⑤单面机涂胶量过小。 ⑥车速太快。 ⑦单面瓦楞纸板运行张力不够。 ⑧B机或面版纸水分含量过高。 ⑨单面机纸板预热水分张力与双面机面版预热水分张力不一致	①适当加大涂胶机着胶量。 ②增加热板温度。 ③适当增加过天桥纸板的水分和堆积，保持水分（根据当时气候而定） ④减小预热包角。 ⑤增大单面机的施胶量。 ⑥适当减低车速。 ⑦调整张力控制系统，增大阻力。 ⑧减少瓦纸或芯纸面纸水分，降低车速。 ⑨调整系统使之水分含量和张力一致

① 图文尺寸设计必须结合面纸选择和图文结构，同时需要考虑纸张材料规格和模切工艺进行调整。

② 包括油墨等预印面纸印刷材料，印刷及后续加工需要满足生产高温作业要求，否则容易出现质量事故。

③ 单面瓦楞纸板质量必须满足复合纸板的检验要求，否则容易造成复合后的纸板质量不合格。

④ 面纸与单面瓦楞在线复合后，产品外观和物理性能必须达标，无明显缺陷。

⑤ 复合后的瓦楞纸板在线横切尺寸和位置必须合格，刀口光洁，不能切到图文和偏斜等。

当然在整个预印纸板生产过程中需要控制的要素远远不止这些，为了得到高质量的产品，必须加强各个方面的监控和管理，做到层层把关，才能够生产出最终客户满意的商品，真正地赢得市场。

参 考 文 献

[1] 洪亮，程利伟. 瓦楞纸箱工艺 [J]. 包装工程，2007，28（12）：284-385.
[2] 吴丽. 瓦楞纸印刷工艺的比较研究 [J]. 包装工程，2005，26（1）：189-191.
[3] 南静生. 凹版印刷纸箱预印生产工艺 [J]. 今日印刷，2006，(10)：32-34.
[4] 左光申. 瓦楞纸板印刷新技术——预印刷 [J]. 中国包装工业，2005，26（1）：80-82.
[5] 陈文革. 包装领域的瓦楞纸板印刷探究 [J]. 今日印刷，2005，(11)：40-42.
[6] 蔡惠平. 瓦楞纸板印刷的比较分析 [J]. 中国包装，2004，24（4）：74-76.
[7] 陈永常. 瓦楞纸箱印刷与成型 [M]. 北京：化学工业出版社，2004.
[8] 蔡惠平. 瓦楞纸板柔性版印刷分析与思考 [J]. 中国包装，2005，25（1）：65-67.
[9] 潘幸珍. 复合瓦楞纸板结构性能的研究. 中国优秀硕士学位论文全文数据库，2007（02）.
[10] 郑兰英. 中国印刷企业的发展战略. 中国优秀学位论文数据库，2007（02）.
[11] 朱炜. 我国纸包装印刷企业产品和促销策略研究. 中国优秀博硕士学位论文全文数据库（硕士），2007（03）.
[12] 凹版预印将成为大批量瓦楞纸箱生产的主流——记西安秦华公司生产纸箱凹版预印机. 中国包装，2004（03）.

［13］孙敬忠，成西良．纸箱预印工艺初探．中国包装工业，2004（06）．
［14］辛巧娟．啤酒瓶爆炸原因及对策分析．包装与食品机械，1998（06）．
［15］刘鹰，沈志娟．值得大力开发的产品——塑料啤酒瓶．包装世界，2004（05）．
［16］黄善祥．预印　预想　预信　预见——对中国纸箱预印述评．机电信息，2004（23）．
［17］邢晓坤，翟效平．柔性版材的应用及最新技术动向．信息记录材料，2001（04）．
［18］陆耀权．纸箱凹版预印工艺及其所需油墨．印刷技术，2005，（8）：43-45.
［19］余发山，张伟，刘艳昌．基于模糊控制的瓦楞纸板横切机速度跟随控制．电气传动，2008年第38卷第9期．
［20］张峻岭，毛中彦．瓦楞纸板的预印刷．机电信息，2004（23）．
［21］孙敬忠．纸箱预印新工艺——凹版预印．印刷世界，2004（05）．
［22］国产高档纸箱预印凹印机现场演示获得成功．今日印刷，2004（10）．
［23］罗峥．论凹印质量控制中的重要因素及控制方法．印刷质量与标准化2008（5），49-51.
［24］曹春宝，张敏．TAZJ601650高档机组式纸箱预印印刷机的特点．印刷世界，2004（10）．
［25］预印纸箱在啤酒行业应用升温．中外食品，2006（01）．
［26］骆光林．瓦楞纸箱制造工艺及质量控制（一）瓦楞纸板的种类及特性．印刷杂志，2001（9）．

第三章 整体包装设计解决方案理论辨析与实践

第一节 整体包装设计解决方案理论辨析

整体包装解决方案是近几年物流包装企业较为流行的新名词，是物流包装企业为产品生产加工企业提供物流包装全面服务的一种形式。整体包装解决方案的有效实施，降低了商品生产企业物流包装成本，优化和缩短了企业供应链管理成本，甚至对产品档次和品牌提升也起到明显效果。

整体包装解决方案（Complete Packaging Solutions），简称 CPS。概念诞生于上个世纪美国，其核心就是包装供应（制造）商向商品生产企业（中大型）提供从包装材料选取、缓冲包装设计、包装容器制作与加工、包装件物理机械性能测试与评价等，甚至到面向终端用户的物流配送一整套服务体系。在整个服务和实施过程中，物流包装企业通过包装设计方案、工艺技术改进及系统的专业知识等系列资源优势为产品生产企业提供包装技术服务和智力支持，有效地降低了产品包装运营成本，让产品生产企业更专注自身产品生产，提高核心竞争力，实现双赢。

专业包装企业相对产品生产制造企业而言，具有多方面优势，可以为商品制造企业提供更加廉价和更全面的包装服务。一方面具有经验丰富的物流包装技术人员，其次拥有齐全规范的生产加工和检测设备，同时在选材选用、结构设计、容器加工等多个方面有丰富的经验。而商品加工企业在以上诸多方面存在明显不足，因此积极引入专业包装服务尤为重要。

随着整体包装解决方案在业内兴起，不少大型的物流包装企业逐步采纳和推行。目前明确提出整体包装解决方案理念的代表性公司有：耐帆包装、惠州海景、浙江东经、北京百利铭泰、UPP（united professional packaging）、圣为集团等。但因公司资源优势差异和对整体包装解决方案的理解不同，在定位上存在一定的区别，其形式主要有以下几种。

1. 全方位型解决方案

以耐帆公司为代表的包装企业，向生产型企业提供完全包装解决方案和服务——Comprehensive Packaging Solution，简称 CPS，其服务流程和服务内容主要包括为供应商提供产品研发、产品生产、产品物流等相关服务，具体如图 3-1。该方案核心内容为 comprehensive，意思为完全的、综合的。该类包装企业凭借其强大的资源优势和专业团队为客户提供全方位的包装解决方案，覆盖产品销售、流通的整个价值链。在产品生产和研发的过程中，依托团队的技术优势，能够很好地优化选择包装材料，测试和评价包装材料的性价比，同时能够很好地满足供应商并提供商品的物流和仓储等系列服务。

2. 整合资源型解决方案

以 UPP（上海）整合包装有限公司为代表，向生产企业提供整合资源型包装解决方案——Integrated Packaging Solution，简称 IPS，如图 3-2。该方案核心为 integrated，意为整合，即整合资源为客户提供完整的包装服务。UPP 的 IPS 理念是对公司内部和具有互补性的服务供应商所拥有的不同资源、能力和技术进行整合和管理，提供一整套包装服务解决方案。该类方案是目前国内大多数提出整体包装解决方案的包装企业采纳的主要方式，常用于服务大中型加工制造业。UPP 整体包装方案服务企业与以耐帆为代表的企业有一定差异，其主要通过对社会上的相关资源进行整合而实现最终的服务能力的提升，从而实现预定的服务目标。当然经过资源整合的企业，其涉及的服务面也比较全面，通常涵盖了及时更新材料、参与成本核算与控制、全程跟踪产品质量调查、及时掌握材料价格的变动、材料回收技术支持与培训、计划精确提高库存价值、参与仓储与统筹、参与质量与改进、参与工程设计，最终实现全程跟踪质量。

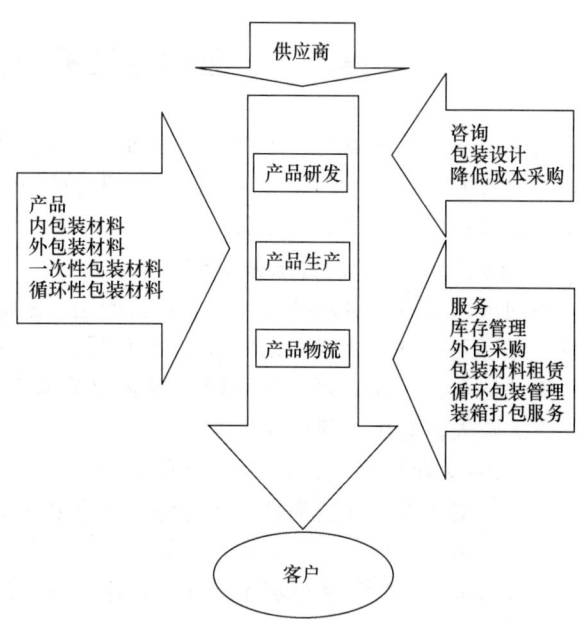

图 3-1 CPS 完全包装解决方案流程

3. 品牌包装整体解决方案

以上海圣为包装服务有限公司为代表的包装企业，向生产型企业提供品牌包装整体解决方案——Brand Packaging Solution，简称 BPS，其关键在于 brand，意为品牌，即为提高客户品牌认知度。该类型包装解决方案解决客户在品牌包装过程中所遇系列难题，涵盖纸制品的设计创意、印刷加工、品质提升、技术支持及物流运输等服务内容。

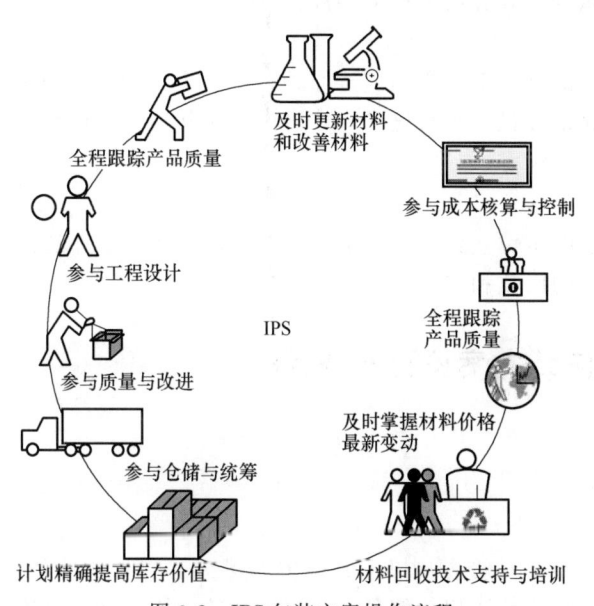

图 3-2 IPS 包装方案操作流程

综合上述三种不同类型的包装方案企业，因其自身规模、技术优势及服务特点不同，且服务的方式和服务能力存在一定的差异。很多情况下，仅靠某一家企业或者几家企业完成的服务，还存在一定的局限性。

第二节　整体包装解决方案设计原则

由于不同包装企业的资源优势差异和对整体包装解决方案的认识不同，在为产品生产企业提供服务的定位上存在一定的区别，但总体原则和基本理念相同。一般认为整体包装解决方案设计应涵盖以下几方面。

1. 方案设计必须符合法律法规

不同国家和地区对商品包装均有相关的法律法规，因此设计方案必须符合该地区法律法规。考虑到整体包装解决方案的设计面涵盖了材料选用、结构设计、容器制作及物理机械性能评估等，因此必须了解区域法规和相关标准，以做到包装容器生产加工不污染环境、不影响人体健康、便于回收为核心。

2. 包装材料环保、无毒和易于回收

随着低碳环保时代的到来，作为污染物重要来源的包装制品，在材料选用过程中必须严格控制，优选环境友好型、无毒、易回收、可循环再生的材料生产加工包装容器。过去很多地方追求经济发展和低成本运作，选用了很多价格便宜原材料生产加工包装容器，最后在使用过程中造成环境严重污染，从本质上讲这类原辅料不可作为整体包装加工原料。

3. 结构设计和物理机械强度适合

包装容器最初功能就是有效地保护内装商品，确保其在运输、流通、储存和销售的过程中免受损坏。因此在包装容器结构设计的过程中必须充分地考虑到包装容器的物理机械性能和流通过程中的环境变化，尽量做到包装容器配料适当和恰当。

4. 包装成本最低原则

整体设计方案在满足上述三大前提的基础上，必须遴选原辅材料和优化设计、加工工艺等，降低包装综合成本，实现性价比最佳化。只有这样，才可能在实际运作中得到持续推进和实施，也只有这样才能最终让客户满意。

5. 其他型服务

根据不同类型的包装方案服务企业的定位差异，除了上述几个方面，有些企业还涉及流通、仓储、质量跟踪和评测、包装品的回收和二次利用等多个方面。

第三节　包装方案设计与应用

一、整体包装方案设计流程

要较好地完成一套整体包装解决方案，一般要从以下几个方面考虑：产品特性分析、产品流通环境信息、包装材料（制品）的特性及相关信息、运输包装的结构设计、整体包装性能测试和评价等，其流程如图3-3所示。

二、设计案例1

本案例是项目组和校企合作单位为某品牌电器共同开发的包装方案样本，设计过程中

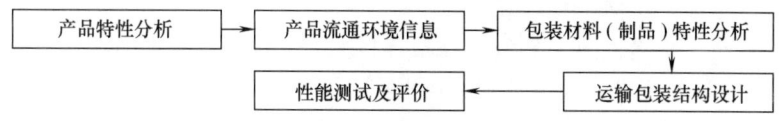

图 3-3　整体包装方案设计流程

根据产品特性和客户要求，共开发了三种方案，后结合生产成本、包装产品操作时间、集装箱装货性能等多项参数对比评价，方案三改进型包装方案，在价格偏差不大的情况下，多项性能优于其他方案，可以优先考虑选用。图 3-4 为某品牌电器。

1. 产品特性分析及参数测量

根据客户提供的实物样品，对样品形状、尺寸规格、重量及重点保护位置等重要参数进行测量和标注，如表 3-1。

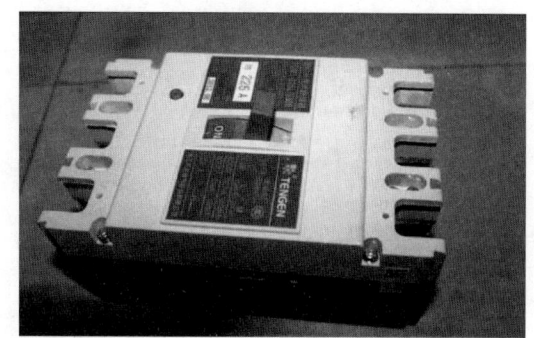

图 3-4　待包装的某品牌电器

表 3-1　产品基本参数

产品名称	外壳	外观形状	长/mm	宽/mm	高/mm	重量/kg	重点保护位置（客户需求）
断路器	塑料	长方体	300	200	150	3	顶部开关位置高出产品平面1cm

根据产品特性（规格形状、重量等）和客户要求（防护要求等），结合国标 GB/T 6043—2008 运输包装用单面瓦楞纸箱和双面瓦楞纸箱规定，我们选定：用三层瓦楞纸板设计加工内箱，用五层瓦楞纸板设计加工外箱。

2. 设计与试装

（1）外箱设计　以最为常用的 0201 型 5 层 AB 型瓦楞纸板制作外包装，纸板厚度 0.8cm。结合图 3-5、图 3-6 纸箱长宽高和纸箱抗压强度之间的关系，同时考虑人体搬运

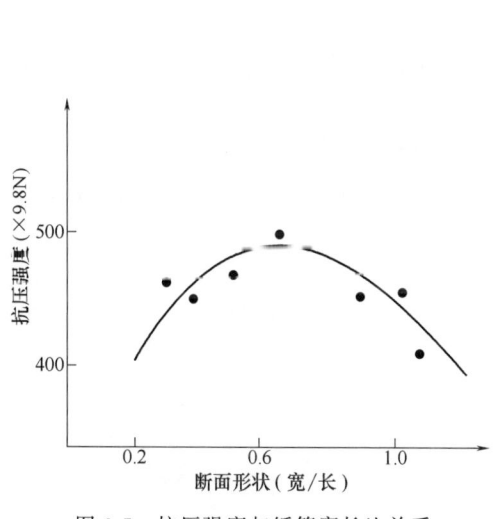

图 3-5　抗压强度与纸箱宽长比关系

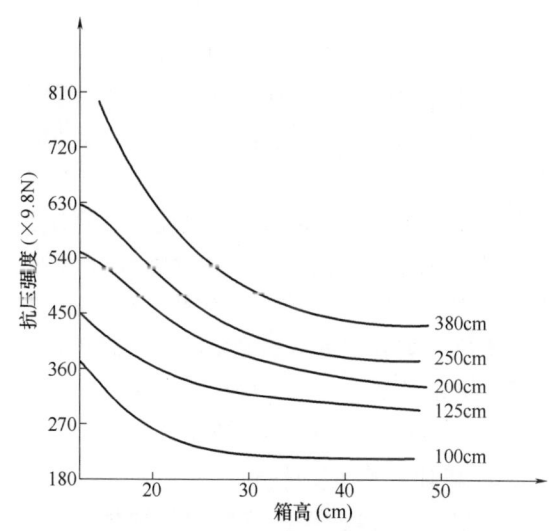

图 3-6　抗压强度与纸箱周边长、箱高关系

适宜重量，设计 8 个产品装一个外箱。

（2）内盒设计　结合瓦楞纸箱长宽高最佳搭配原理设计内装产品摆放方式，当宽长比值在 0.62 时，纸箱强度有最大值理论，根据产品形状规格、产品重量、常用包装箱形等参数，设计了三套方案，利用软件绘图和专用的瓦楞纸箱结构打样机打样，完成样品包装容器的设计与制作。内盒材质全部选用三层 B 型瓦楞纸板制作，纸板厚度为 0.3cm。

方案一：插卡＋上下垫片

该方案主要以插卡和上下垫片作为固定和缓冲包装，其具体方案如图 3-7。插卡选择特殊开槽的格栅，让产品重点包装位置——开关卡住，减少运输过程晃动受损，同时为了保护该电器的开关，在纸箱插卡四周和中间部分分别留出了一定的空间，约 1.5cm（略大于开关高度）。其次在底部和顶部各加一片垫片，增强产品在堆码中的两侧边缘包裹螺丝的塑料装置。

图 3-7　垫片、格栅、产品、外箱组装流程图

方案二：02 型外箱＋下锁底上插口内盒

内盒左右两侧变形摇盖长度刚好等于产品左右两侧较低位置的长度，使摇盖可以卡住，起固定作用，且高度高于产品开关位置，可以起着保护产品开关（脆弱的部位）的作用，满足客户的需求。同时这两片摇盖上还开了两个凹槽，让另一片变形摇盖可以卡在里面起固定作用。内外箱的设计也让产品的各个方位都多了一层保护层，加强了在产品储存及运输中的各项性能，如图 3-8。

方案三：02 型外箱＋功能型一页成型插口式内盒

方案三拥有方案一和方案二的保护性能，并进行了优化不需要胶黏或订针，属于一片成型，变形的摇盖不仅仅保护了产品的开关部位，满足了客户的需求。同时在左右两边、底部位置都做了保护设计，更全方位地保护了产品，如图 3-9。

3. 对比评价

针对上述三种设计方案，我们依据设计制作成本、包装产品时间、物理机械性能、装货容积等方面进行对比和评价。

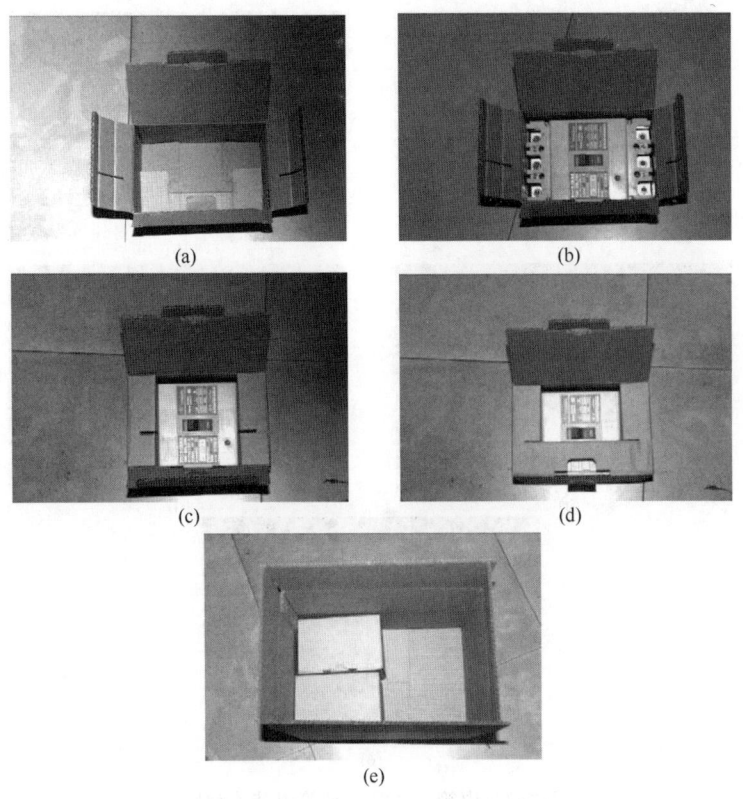

图 3-8 内箱、产品、外箱组装流程图

(1) 生产成本　外箱规格对比：

方案一外箱内尺寸规格：$L=15\times4+1.5\times2+3=66$cm　$B=20\times2+1.5+1.5=43$cm　$H=30+0.3\times2=30.6$cm

方案二外箱内尺寸规格：$L=30\times2+0.3\times4=61.2$cm　$B=20\times2+0.3\times4=41.2$cm　$H=15\times2+0.3\times8=32.4$cm

方案三外箱内尺寸规格：$L=30\times2+0.3\times4=61.2$cm　$B=20\times2+0.3\times6=41.8$cm　$H=15\times2+0.3\times6=31.8$cm

方案一插卡和上下捆板 $43\times30.6\times6+66\times43\times3=16408.8$cm^2，按照温州地区三层常用瓦楞纸板每平方米 1.5 元计算，其成本为 2.461 元。

方案二内盒 $[(30+20)\times2+2]\times(15+12+13)\times4=16320$cm^2，按照同样价格计算，其成本为 2.448 元。

方案三内盒 $80\times90\times4=28800$cm^2，按照同样价格计算，其成本为 4.32 元，这个价格远远超过了前两种方案，主要是耗料太多。通过对该方案进一步分析，发现如果在设计时，将横向结构和纵向结构分开制作，材料明显减少，经计算为 $(80\times30+90\times20)\times4=16800$cm^2，按照同样价格计算，其成本为 2.52 元，这样就大大降低了原料成本，且对产品的防护性能影响不大。

对比三种方案，按生产成本，方案三＞方案三（改进型）＞方案一＞方案二，除了方案三价格较高外，其他三种总体价格差异不大。

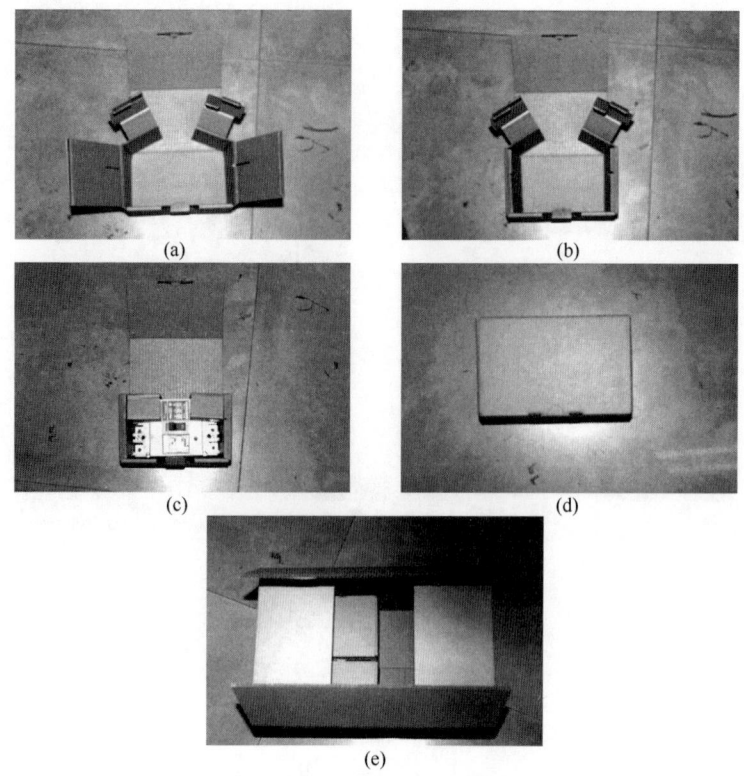

图 3-9　内箱、产品、外箱组装流程图

（2）装车容积　根据三种方案的外包装内尺寸可以计算出相应的包装后外箱体积分别是方案一：86843cm³，方案二：81694cm³，方案三：81349cm³，其中方案三和改进型无明显差异。

根据数据可以清楚地分辨出 $V_1 > V_2 > V_3$，即在相同装车容积的情况下，第三种方案可以实现装载更多的产品，实现更低的物流成本。

（3）包装产品时间　在设计好三种方案后，我们将产品进行了包装，并计算了平均包装时间，该时间包括插卡和隔板的放置，产品摆放和纸箱封胶带等。其包装耗时分别为：方案1min50s，方案2min53s，方案3min45s，方案三改进型为48s。其包装耗时对比结果为方案2＞方案1＞方案3（改进型）＞方案3。

（4）物理机械性能　为了进一步评价其包装在存储过程中对产品的防护效果，我们进行了抗压强度的测试，其结果分别为：方案3（改进型）：1649（N），方案3：1540（N），方案1：1370（N），方案2：1180（N）。

其对比结果为方案3（改进型）＞方案3＞方案1＞方案2。

在三种包装方案中，其外箱结构完全一致，尺寸规格差异不大，因此对包装后的抗压强度偏差影响不大。造成包装后抗压强度差异的主要原因是内盒结构不同。方案1承重效果较好，主要是内盒为9片插卡所致。方案二每只内盒只有4个承重面，叠放后承重效果与插卡相比较强度损失较大。方案三内盒和方案二相比较，侧面多出两片承重面，因此较好地提高了纸箱的整体抗压强度。

实验结论：通过上述实验和分析，可以清楚地看到方案三改进型包装方案，在价格偏差不大的情况下，多项性能优于其他方案。当然也许有其他更加完善的设计方案，需要设计研究者进一步探讨。

三、设计案例 2

这里选取某公司生产的 CJX2-150 型号的接触器为研究对象，结合上述的设计原则进行设计和加工，样品如图 3-10 所示。

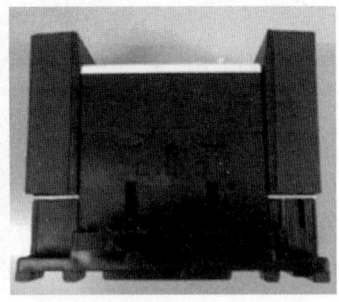

图 3-10　CJX2-150 接触器结构示意图

1. 样品设计实测

根据客户提供的产品，对产品尺寸、重量等进行测量，数据如表 3-2。

表 3-2　产品各个参数分析

产品	外壳	外观形状	尺寸/mm	重量	体积 m³
CJX2-150 接触器	塑料	长方体	155×121×131	2.07kg	0.00246

根据产品自身的重量选择合适的瓦楞纸板做包装盒，结合目前国内常用纸板种类和样品设计的包装公司的瓦楞纸板实际生产规格，其具体参数如表 3-3。

表 3-3　某公司生产瓦楞纸板厚度

瓦楞种类	BCC	EBC	BC	BE	单 B	单 C	单 E
厚度/mm	11	9	7	5	4	3	2

产品自身的尺寸一般为内尺寸，在设计包装盒的时候，我们考虑到瓦楞纸板的厚度，将内尺寸转化为制造尺寸的时候再加一点间隙。一般为长、宽＋3～4mm，高＋2～3mm。

2. 软件（CAD）绘图

当有设计思路，选定包装材料后，就可以通过 CAD 软件将结构图绘制出来。打开 CAD 软件，新建图层设置白色切线层、绿色压痕层、蓝色标注，然后绘制出图形。好的包装盒设计不仅仅要满足能保护产品的基本要求，还要能够方便运输，节省材料等。

在设计的时候可以加入一些起缓冲性的物件，如：垫片、泡沫等。

① 可以将产品在包装容器中固定，不易来回晃动，对突出易损坏的部位加以支撑，可以让产品与外界产生有效的隔离，从而保护产品不受损坏。

② 选择合适缓冲材料，根据产品的重量、形状、价值、易损性、材质等不同特性，

对缓冲材料的要求也是不同的。

③ 缓冲材料在结构的设计上应简单方便，在总体包装中不会起到阻碍作用。

④ 在设计缓冲包装时，要考虑到各种因素对产品的影响，如振动量，考虑整体包装共振的同时不能忽视对关键和易损部位的影响。

为了满足不同客户对产品包装的不同想法和看法，结合综合成本的对比与考虑，我们一般可设计多种不同的方法，以三种为限。我在设计了相同的内盒的前提下，设计了不同的垫片和卡插，以下图 3-11 是设计的内盒的结构示意图。

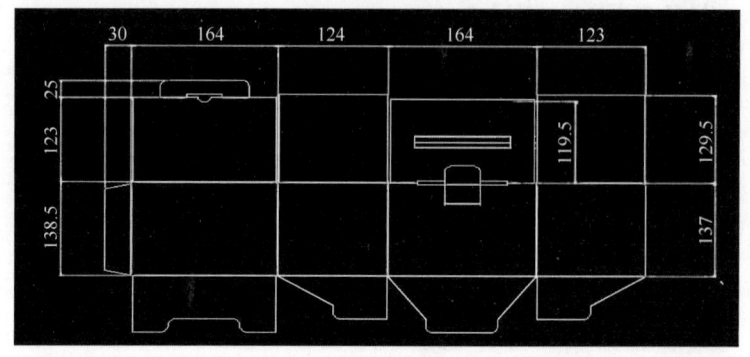

图 3-11　内盒结构示意图

3. 打样，客户确认

（1）选择合适材料设计打样　　选用合适的瓦楞纸纸板（要注意瓦楞纸板不能有破损、弯曲严重的现象）放在打样台上，检测纸板是否摆放正确，再将图纸导入面板上，快捷键 ctrl＋J 将图组合，按快捷键 F5 打开操作面板，回原点，调节切刀、压轮的位置（可按上下左右键），在合适的位置设置成原点，检测范围，真空开始打样。（注意事项：要根据不同的瓦楞纸板更换滚轮，并调节滚轮压力的大小，并且图纸要保存为 dxf 格式）。

（2）瓦楞纸盒样品检查　　将打样好的纸盒装订（胶订/订针）、组合、放入产品，检查是否符合要求。如果不符合则须对不合适的地方进行修改，重新打样和检查，直到符合要求为止。在条件允许的情况下，图纸采用数码打印和实物打样相结合，一方面减少浪费，同时可以提高工作效率。

（3）根据设计要求和样品组装，检验　　本次设计分为三个研究方案，按照设计结构、装物时间等进行对比分析。

方案一：如图 3-12 所示上垫片做纸管状，形成缓冲空间，两头做内嵌反折设计，卡住产品，在运输过程中，起到固定产品作用。下垫片做纸管状，形成缓冲空间。采用方案一完成装物耗时 40s。

方案二：如图 3-13 所示支撑插卡对折插入产品与内盒的空隙，形成一个规则面，保护底座的四个固定脚，防止产品在运输过程中晃动。加垫片，给产品多添加一层缓冲。正唛摇盖做格栅插卡设计，固定侧唛摇盖的内折中空设计，保护产品中间突出部位，防止内盒中间压塌，使突出部位受损。采用方案二完成装物耗时 35s。

方案三：如图 3-14 所示，侧唛摇盖内折到底，形成一个缓冲空间，支撑插卡对折插入产品与内盒的空隙，形成一个规则面，保护底座的四个固定脚，防止产品在运输过程中晃动。正唛摇盖做内嵌设计，卡住产品中间突出部位，防止内盒中间压塌，使突出部位受

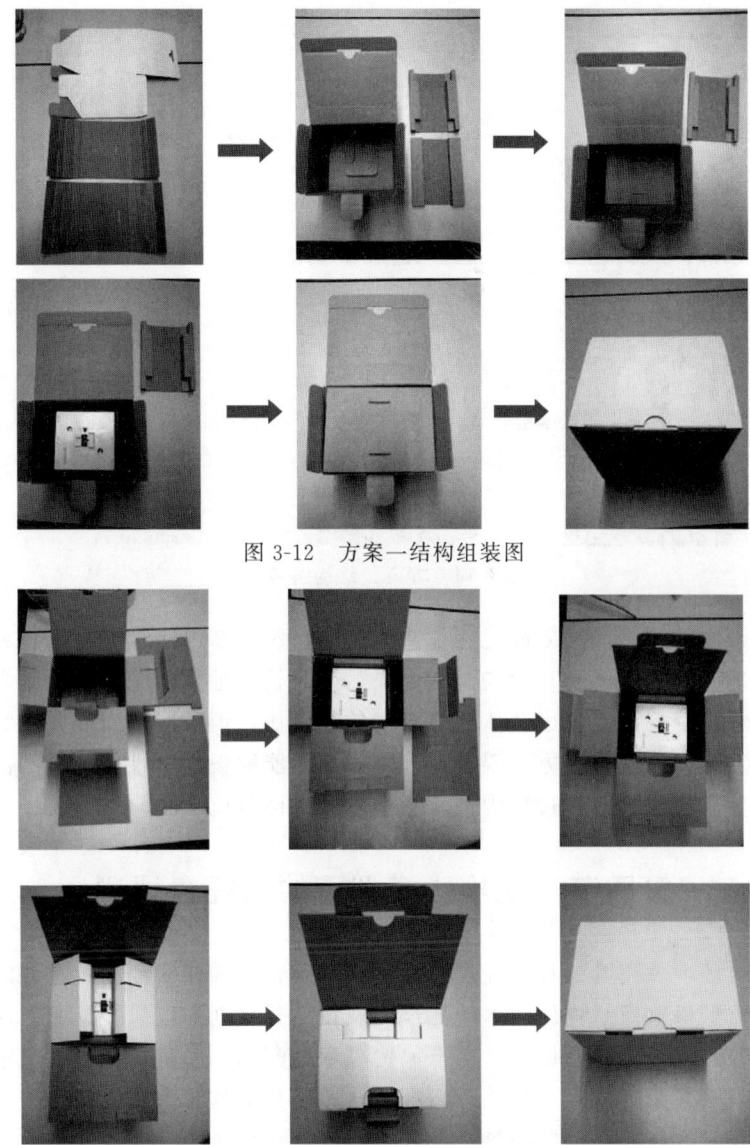

图 3-12 方案一结构组装图

图 3-13 方案二结构组装图

损。采用方案三完成装物耗时 45 秒。

结合以上性能和装物时间等技术参数可以得出优先顺序：方案二＞方案一＞方案三。

（4）其他参考 在完成好纸包装结构设计后，在结构满足客户需求的前提下，一般还应该综合考虑其他相关性的要素，一般包括原材料的选择和性价比、产品包装后的堆码方式及储存方式与时间、生产工艺的复杂程度、交付和运输的方式等多种要素，只有充分的考虑才能生产加工出让客户满意的产品。

四、结语

整体包装设计方案是现代商品物流和销售包装设计的一种发展趋势，商品通过整体包

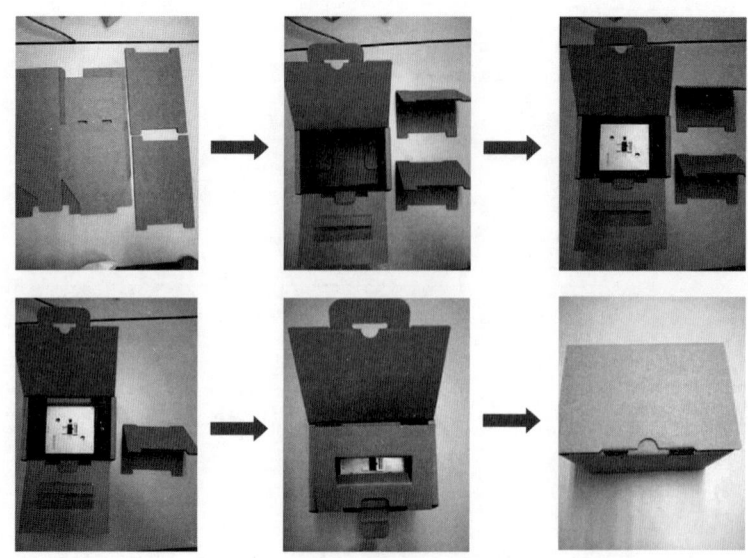

图 3-14 方案三结构组装图

装设计方案的开发和应用,一方面优化了物流商品包装容器的结构、精选材料和优化生产加工等,较好地实现了流通和存储的防护效果,同时较好地降低了生产成本。作为物流商品的包装设计师,一方面要考虑整体包装方案的性价比,但同时也需要紧密结合客户产品的批量、品牌及流通区域等多方面因素,只有这样才能够设计出性能优越的商品包装,才能实现产品在生产流通和销售过程中投入和损害最优性价比。

第四节 性价比模型下的纸托盘评测

随着人类对环境关注度的日益提高,绿色、低碳、环保成为商品及包装的重要评价指标。过去包装重型机电商品均使用木质托盘,现在部分逐渐被纸质托盘所替代,其主要因素就是木质包装箱成本高、质量重,严重浪费了森林资源,影响环境;其次木质托盘在包装出口商品时需要采用蒸煮等工艺处理病虫害,还需要出具相关质量检测报告。因此以纸代木是包装行业发展的一个重要趋势,是低碳时代,绿色包装业发展的一种重要途径。

一、纸托盘主要类型与结构

纸托盘(Pallet)是用于集装、堆放、搬运和流通的放置货物和制品的水平平台装置。纸托盘和木托盘及其他材质托盘的结构基本相似,主要由放置商品的托盘平台和支撑平台的托盘脚等部件组成,部分纸托盘还有包边、包角等装置,以加强纸托盘的牢固性和稳定性,提升纸托盘堆码强度和承载重量。

纸托盘按结构一般可分为九脚型纸托盘、川字型纸托盘、田字型纸托盘等主要结构类型,

图 3-15 九脚型纸托盘

分别如图 3-15～图 3-17 所示，具体规格尺寸根据实际客户需求进行订制与设计加工。不同种类纸托盘用途和特点不完全相同，比如九脚型和川字型托盘比较容易叉车装卸，田字型纸托盘的结构更加稳定等。不同类型托盘外观相近，但其结构存在一定的差异，因此生产过程中消耗原纸量不同，其承载效果和搬运效果也不尽相同。

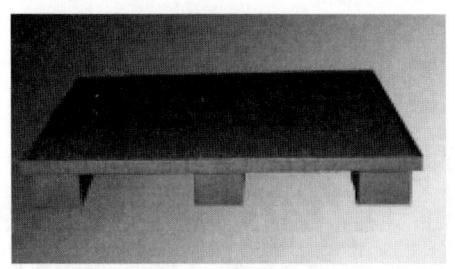

图 3-16 川字型纸托盘

图 3-17 田字型纸托盘

二、生产工艺

纸托盘生产加工主要包括三个主要环节：托盘面板制作、托盘垫块制作和托盘组装，其最常见的生产工艺流程如图 3-18 所示。当然不同种类的纸托盘，其工艺过程存在一定的差异，其目的主要是为了提高纸托盘的稳定性、堆码效果及方便装卸等。

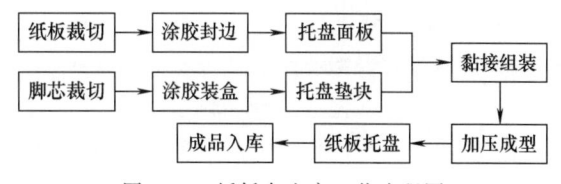

图 3-18 纸托盘生产工艺流程图

在整个生产与加工的环节中，纸托盘尺寸设计与结构选用最为重要，只有确定了尺寸才能对纸托盘内容进行编排。其次是确定托盘的高度、用料的厚度、是否包边、包角等相关技术要求。

三、性价比测评

1. 性价比模型的引入

价值工程把"价值"定义为"对象所具有的功能与获得该功能的全部费用之比"，如公式（1）。

$$v = f/C \tag{1}$$

式中：v 为价值；f 为功能；C 为成本

这里纸托盘性价比与价值工程中的"价值"含义相似，本质一致，因此可以将纸托盘的性价比表示为公式（2）。

$$V = P/C \tag{2}$$

式中：V 为纸托盘性价比（N/元）；P 为纸托盘抗压强度；C 为每平方米该类型纸板的原纸生产成本（元）。

2. 不同类型纸托盘性价比测评

为了更好地评价相同材质的不同类型的纸托盘的性价比，指导最优化生产与采购，项目组选用了高强度复合瓦楞纸板、纸包边、纸护角等材料,按照上述工艺分别制作了九脚型纸托盘、川字型纸托盘、田字型纸托盘各五只进行测试评价。

(1) 实验

① 实验原料。1cm 厚的高强度复合瓦楞板,如图 3-19;聚乙烯乳液,工业酒精,浙江黄岩春露装饰材料厂;自来水。

图 3-19　复合瓦楞板　　　　　　　　图 3-20　支撑脚

② 实验仪器。HH-KY5000A 型,纸箱抗压试验机,小型烘干房,杭州华翰造纸检测仪器设备有限公司;涂胶刷子,直尺,电锯床,MJ-1000B(1950×950×1600mm),浙江黄岩春露装饰材料厂。

③ 实验过程及数据

a. 不同类型纸托盘的样品制备。利用 CAD 软件设计不同类型纸质托盘基本结构图,再根据结构图分切纸板打样,最后制作成如图 3-15~图 3-17 的三种类型的纸托盘,每种五只。样品纸托盘承载面规格为 80×60cm,承载面厚度均为 1cm;支撑脚高度为 8cm,规格 6×6cm,如图 3-20。三种纸托盘的材质、托盘面高度及支撑脚高度完全一致。

b. 纸托盘样品测评。

Ⅰ 将做好的托盘放置在小型烘干房内进行标准环境处理 24h。

Ⅱ 抗压强度测试及数据处理

利用 HH-KY5000A 型纸箱抗压试验机对三类 15 只标准环境处理后的样品进行抗压强度测试,结果如表 3-4。

表 3-4　　　　　　　不同类型纸托盘抗压强度测量值及平均值

项目	抗压强度(N)					平均值
九脚型纸托盘	5480	5460	5400	5332	5420	5418.4
川字型纸托盘	6356	6383	6410	6434	6329	6382.4
田字型纸托盘	6558	6583	6490	6506	6448	6517

c. 不同类型纸托盘耗纸板量

项目组对三类不同纸托盘的生产过程中对原材料的消耗量进行了计算,三种不同类型的纸托盘消耗的高强度复合瓦楞板的用量如表 3-5。

(2) 性价比评测

结合表 3-4 和表 3-5 数据,利用公式(2)可以计算出纸托盘性价比 V,见表 3-6。

表 3-5　　　　　　　不同类型纸托盘消耗高强度复合瓦楞板平方数

三种类型纸托盘	消耗高强度复合瓦楞纸板量（cm^2）
九脚型纸托盘	80×60+6×6×7×9=7068
川字型纸托盘	80×60+6×60×7×3=12360
田字型纸托盘	80×60+6×6×5×9+6×60×3+6×80×3=8940

表 3-6　　　成本比、平面抗压强度比及不同类型瓦楞平面抗压和原纸成本性价比

项　　目	性　价　比
九脚型纸托盘	V=P/C=5418.4/7068=0.767
川字型纸托盘	V=P/C=6382.4/12360=0.5164
田字型纸托盘	V=P/C=6517/8940=0.729

根据性价比模型的计算，其结果如表 3-6，结果表明：九脚型纸托盘＞田字型纸托盘＞川字型纸托盘。且川字型低托盘的耗纸量高，性价比低。

四、结语

根据上述实验可以清楚地看到性价比最高的是九脚型纸托盘，主要是该纸托盘虽与其他几种纸托盘具有相同面积的承载面，但由于其支撑脚的结构差异，用纸量明显减少。但数据也很清楚地显示，田字型纸托盘的绝对抗压强度值在三种不同类托盘中是最高的。因此在选用与设计纸托盘的时候，一方面要考虑性价比，降低生产和包装成本；还要考虑绝对值，确保纸托盘能够承载商品，降低流通损坏，只有这样才能选用与采购最佳的纸托盘满足包装流通的需要。

参　考　文　献

[1] 段瑞侠，曹国华，陈金周. 基于整体包装解决方案的《包装综合设计》的教学探讨 [J]. 上海包装，2017（08）：11-13.
[2] 卜杨，林沿琛，邓志辉，李亮，张新昌. 立式吸尘器标准化整体包装方案设计 [J]. 轻工机械，2017，35（03）：65-70.
[3] 宋倩. 浅谈整体包装解决方案现状及发展趋势 [J]. 塑料包装，2014，24（02）：4-6+3.
[4] 张瑞涵，母军. 浅析整体包装解决方案中的应用方法 [J]. 中国包装工业，2013（16）：114-117.
[5] 许建华，肖志坚，林灵琪. 电子产品整体包装设计方案及应用 [J]. 印刷世界，2013（06）：23-26.
[6] 温丽娜. 整体包装解决方案　定义行业新未来 [J]. 印刷技术，2013（02）：8-10.
[7] 徐惠艳，鄂玉萍. 电子产品整体包装设计 [J]. 包装工程，2012，33（22）：56-59.
[8] 王婷婷，刘筱霞. 基于整体包装解决方案的振动送料设备的包装设计 [J]. 包装与食品机械，2012，30（01）：68-71.
[9] 黄昌海，黄佐钘，黄秀玲. 基于项目管理视角的整体包装解决方案设计 [J]. 包装工程，2011，32（05）：116-119.
[10] 戴宏民，戴佩华. 产品整体包装解决方案策划（设计）的目标、原则及方法 [J]. 重庆工商大学学报（自然科学版），2010，27（01）：80-84.

[11] 戴佩华，戴宏民. 基于供应链管理的商品整体包装解决方案设计［J］. 包装工程，2009，30（09）：82-84.

[12] 荆强，陈珉瑛，张新昌. 整体包装解决方案及其供应商的运行模式探讨［J］. 包装工程，2009，30（07）：73-75.

[13] 鄂玉萍，王志伟. 整体包装解决方案理念之辨析［J］. 包装工程，2008（10）：223-225.

[14] 张波涛. 整体包装解决方案［J］. 中国包装工业，2008（06）：16.

[15] 彭国勋，徐颖. 第三方物流包装与整体包装解决方案［J］. 物流技术与应用，2007（01）：94-95.

[16] 李军. 包装新理念："整体包装解决方案"［J］. 中国包装工业，2006（02）：33.

第四章 瓦楞纸板柔印制版及印刷质量控制

第一节 柔性树脂版制版及质量控制

柔性树脂版印刷和橡皮凸版印刷是目前纸包装箱印刷的最重要的印刷方式之一，其中柔性树脂版印刷的质量优，幅面大，且对纸板的物理机械性能影响较小，应用较广，多应用于中高端环保型的瓦楞纸箱领域。柔性版印刷目前已经成为环保型印刷的代名词，日益成为绿色印刷的代表，市场占有率越来越高。柔性版印刷具有独特的灵活性、环保性等优点，与其他印刷方式相比，有更好的环保绿色性，印刷后的包装品更能符合食品包装印刷品卫生标准，众多的优点给柔性版印刷业带来突飞猛进的发展。

一、柔性版特点

柔性树脂版（flexographic plate）是具有柔软可弯曲、富有弹性的感光版。根据所用感光性高分子预聚物的性质，将其所形成的感光性树脂层形态分为液体感光性柔性版和固体感光性柔性版两种。液体感光柔性版在制版前呈黏稠液态的感光性树脂状，经紫外曝光后，从液态变为固态，故又名液体固化型感光性柔性版。固体感光性柔性版指在紫外线曝光前感光性树脂层呈柔软板状，感光后经加工制成印版。不同的版材具备不一样的硬度，其印刷实性也存在一定的差异。

柔性版和胶印 PS 版相比，主要存在以下几方面的差别：

① 版材种类不同：平版胶印目前常用的是以铝为基材的预制型 PS 版；而柔性树脂版的材料则是具有感光性的柔性树脂基材。前者属于平版印刷方式，而后者则是典型的凸版印刷方式。

② 再现色值范围：胶印为 1%～99%（或 2%～98%），柔印为 5%～95%；

③ 网点扩大（50%处）：胶印为 15%～20%，柔印为 30%～40%；

④ 加网线数：高质量的胶印印刷品一般为 175 线/英寸，部分质量要求更高的产品可达到 200 线及以上；而柔印加网线数一般不超过 150 线/英寸，部分要求不高的产品只有 100 线甚至更低。因此两种印刷方式适合的领域和复制还原的效果存在一定的差异。

二、瓦楞纸板用柔性树脂版选用

瓦楞纸板质量较差时，应选用厚度较厚、硬度较低的版材；瓦楞纸质量较好，需印刷小字、网线版时,应选择肖氏硬度为35~45的薄版。

薄版必须与衬垫一起使用才可获得优质效果。用厚版印刷,印刷压力过小时,印刷基材容易产生瓦楞状和"搓板"样图案,而且影响实地及精细线条的印刷质量;印刷压力过大时,印刷基材易变形甚至损坏,同时树脂印版变形,印刷网点增大,会出现双层柔性版。以杜邦赛丽柔印版材为例,常用的柔性感光树脂版厚度有2.84mm、3.94mm及7.00mm等,肖氏硬度为25~50,最常使用的是3.94mm。应尽可能使用薄版,因为与厚版相比,薄版不仅可进行平整的实地印刷,而且网点增大量小,套印精度高,印刷质量稳定,图像层次更精细。

美国R/bak气垫式衬版技术是目前应用较多的衬垫技术,主要特点为:减少印刷点面压力,有效控制网点增大;避免印版变形,延长印版使用寿命;对于跳动过大的印版辊有独特的补偿作用;对于低质量的瓦楞纸板有良好的适印性,并能避免损坏瓦楞纸板;可提高传统印刷设备的印刷档次。气垫式衬版技术正在逐步取代传统的厚型印版。

FAC-X(传统版)和FAC-DII(数码版)是巴斯夫公司专门针对瓦楞纸板后印而开发的柔性版材,其肖氏硬度为32,该版材油墨转移性能极佳,适合直接印刷各种楞型的瓦楞纸板(A/C/B/E/F/N),在面纸定量为 $80\sim250g/m^2$ 的瓦楞纸板印刷上应用最为广泛,极大提高了瓦楞纸板印刷质量。ART(传统版)和ART-D(数码版)的柔性版的硬度相对较高(肖氏硬度为40),可有效减少搓衣板现象,良好的油墨传送能力使油墨覆盖率大大提高,从而获得高浓度的色彩,主要用于印刷瓦楞面纸定量为 $180\sim250g/m^2$,楞型为E/F/N的细瓦楞纸板。

厚度为2.84mm的FAC-284X(传统版,有数码版可供选择)和ART-284(传统版,有数码版可供选择)柔性版材可印刷瓦楞面纸定量为 $120\sim250g/m^2$,楞型为B/E/F/N的瓦楞纸板。通过将该薄版材黏在衬垫上,可以印刷更高的网线数,因此印刷网点更精细、色彩层次更丰富,从而获得更满意的印刷效果。

预印专用型柔性版材nylofleACE(传统版,有数码版可供选择)被誉为预印专家,秉承了巴斯夫版材的诸多优点,可用于高档涂布瓦楞面纸的预印,其肖氏硬度高达62,可有效地控制网点增大,完美还原色调范围,最大限度满足对印刷质量的要求。

ART(传统版)和ART-DII(数码版)也可用于非涂布瓦楞面纸的预印,可选用厚度为2.84~7.14、硬度适中的版材,有优异传墨性能,可保证印刷品的色彩鲜艳、实地饱满的印刷要求。

三、柔性版制版及工艺流程

1. 柔性版制版工艺

从原稿设计和制版工艺角度来看,柔性版印刷工艺自成体系,有其自身的独特之处,其制版工艺流程基本如下:

原稿制作→电子分色出正阴图→背曝光→主曝光→冲洗显影→干燥→后处理→去黏→全曝光等。

柔性版晒版的过程实际上就是利用了光化学原理的过程,晒版过程中柔性版主体成分感光树脂在一定的光量照射下,分子迅速分解,产生活泼而极不稳定的高能态基团(游离基），高能态基团再引发含不饱和键的树脂发生聚缩反应。柔性版的制版过程主要包括以下几道工序：

(1) 背曝光　晒版前，必须选择适合的未曝光的柔性版材，一般裁切时必须结合感光排片的尺寸进行裁减，尺寸略大于胶片尺寸。接下来就是在晒版机上进行背曝光。背曝光的时间是整个曝光过程的重要控制要素之一。时间的长短直接决定了确印版上浮雕的高度，即腐蚀的深度，并固化底基。

(2) 主曝光　主曝光是整个晒版过程中的一个关键环节，主曝光时先将印版与胶片放到一起，放于晒版机上，用紫外光进行正面曝光，在印版上形成图文部分，并使之固化。一般时间在 3～5min，时间的长短根据版面的面积和版材的性质决定。时间长了容易发生全曝光，时间短了，曝光不够，浮雕高度不够，耐印率不够。

(3) 冲洗显影　冲洗显影的过程就是通过有机溶剂将柔性版未曝光的树脂成分溶解掉，留下曝光不溶解的成分，形成印版。

显影时，将晒有浅影的印版置于有机溶剂中，一般有机溶剂内包含有三氯化碳等成分，通过毛刷刷洗，溶解掉版材上未曝光部分，使图文部分形成浮雕。

冲洗显影的过程中，时间是重要的控制要素之一，时间过长容易洗掉图文内容，影响印版厚度。时间不够，溶解不够彻底，图文不干净。

(4) 去黏　冲洗显影后的印版非常柔软，主要是受到有机溶剂的溶胀缩至，这个时候必须通过去粘干燥，去掉柔性版内的有机溶剂，使印版具有印刷适性。

将印版放在烘干器中烘干，促使印版中吸收的溶剂尽快挥发，使印版的厚度恢复到原来的标准值。时间一般 10～20min，时间过短，去粘不彻底，时间过长容易造成版材老化。

(5) 全曝光　后曝光及去粘处理。对烘干后的版材进行后曝光及去粘处理，能够进一步固化字肩及底基，并改善柔性版的印刷性能，并提高柔性版的耐印力。

2. 分色片尺寸缩版

柔性版具较强的弹性和变形性，当印版安装到印刷滚筒上，印版沿着滚筒表面会发生弯曲变形，使得整个印版表面的图文发生了伸长，导致印刷出来的图文与设计的原稿有一定的差别。为了较好地保证印刷前后尺寸一致性，出片制版的过程必须进行一定系数的缩版。柔性版装到滚筒上之后在滚筒的周向上产生的这种静态变形（拉伸变形）总是避免不了的。为了对印刷图像的变形进行补偿，必须要减少晒版负片上相应图文的尺寸。

树脂版缩版率跟印刷滚筒半径、黏合树脂版用的双面胶厚度有关，同时还要考虑到版基厚度。

平面曝光制作柔性版时，一般采用下面的公式来计算分色片的缩版率：

$$缩版率（百分比）= K/R \times 100\%$$

其中：R 是版滚筒的印刷长度，K 是系数，它取决于所用版材的厚度。

四、柔性版网点传递特点

1. 网点扩大原因

印刷中的网点扩大是不可避免的，造成网点扩大的原因主要有两个：一个是物理原因，或者说是机械原因，在压印的一瞬间，印版网点上的油墨会因为挤压的作用而产生一定的变形，从而造成网点扩大；另外一个原因是光学方面的原因，也就是说网点扩大是由于光的反射作用而引起的，光线在网点墨膜的边缘部分发生散射，从而在视觉上产生相当大的网点扩大。光学网点扩大取决于油墨的透明度和纸张的平滑度、吸收性能等。

2. 影响因素

加网线数的高低。加网线数越高，则网点扩大越严重。

印刷压力的大小。印刷压力越大，网点扩大越严重，反之则网点扩大程度越小。所以，在柔版印刷中应该尽量保持"零压力"。

网点形状。圆形网点、方形网点、链形网点和椭圆网点，它们在不同阶调下的网点扩大情况也不相同。在柔性版印刷中常用链形网点；对于高光区的小网点，采用调频网点（FM）效果最好。

五、制版注意事项

1. 大小文字同版

大面积实地尽量不要跟小字、网点等细部放在同一块版上，即使是同一色也要尽量分成两块版，如果实在无法分开（比如印刷机色组数量的限制等原因），可以考虑适当地局部进行垫版；尽量避免大面积实块多色叠印；文字规格不能太小，阴文字更是如此，否则，当印刷品压力变化时，印刷出的图文呈现较大的变形量，使阳图文变粗、阴图文变细或糊死；独立细线条的宽度应大于 0.2mm。

2. 加网角度

在柔性版印刷中，网纹辊着墨孔角度一般是 45°，因此在采用普通型网纹传墨辊印刷时，印版应避免采用 45°加网角度，否则容易出现龟纹。

3. 套印叠印

在运用油墨叠色时，不宜用两块大小相等的色块相叠印，以避免套印不准而影响印刷质量。可以在较大面积的实地色块上利用其局部地方叠印文字或图样纹样以及叠印局部的色块。

六、柔性树脂版常见质量问题

1. 树脂版文字、线条、图案线条过细、过小，小字和独立点易脱落，细小线条弯曲

在树脂版制版中，常见细线条弯曲和细小的文字、独立点脱落等问题。

主要原因：

① 树脂版曝光时间不足。

② 底片反差小，有灰雾、不清晰。

③ 烘烤树脂版以及热固化处理不当。

④ 刷树脂版时水温低，冲洗时间长，刷毛过硬，刷版过深。

⑤ 上机印刷时压力过大，调节不妥当。

解决方法：

① 在制树脂版时，遇到细小的文字、线条、图案、独立点时，要掌握正确的曝光时间。3kW 的碘镓灯，曝光时间约为 20min，一定要比正常的版延长曝光时间，这样，细小的线条、文字、独立点才能站得住、不脱落。由于曝光时间长，制出来的树脂版网纹侧面的坡度较小（70°左右），图文底基牢固。

② 烘烤树脂版、干燥及热固化处理时，一般情况下，烘箱温度控制在 60～80℃，目的是将版面上的水分蒸发；干燥的温度过高，树脂版则容易起泡。

③ 要求操作者暗房技术过硬，软片处理的反差要尽量大，无灰雾，文字、线条流畅光洁，不缺笔断画。

④ 在制固体树脂版时，无论是制版机自动刷版，还是手工毛刷刷版，水温应控制在 50～60℃，冲洗直至底基显露为止。刷树脂版要旋转着刷，单在一面刷版，容易将侧面坡度刷大，造成细小线条的弯曲、脱落；刷版时要选择那些毛柔软适宜的刷子，如果刷毛较硬，则会使细小文字刷落破损；刷树脂版要注意掌握刷版深度，刷版不一定非要冲洗见底基，刷版过深容易将版上的文字、线条、图案刷掉版。另外，注意刷版冲洗的时间不要过长。

⑤ 树脂版在上机印刷时，要调节好着墨辊与树脂版、树脂版与压印滚筒之间的压力，调节树脂版的印刷压力要比调节铜锌版、铅印活字的压力要小一些。避免因压力过大，着墨辊和压印滚筒把树脂版的细小文字线条给碾压坏了，影响其耐印率。

2. 文字、线条版在制树脂版时模糊不清

主要原因：

① 曝光过量。

② 晒时抽真空吸附不实。

③ 软片反差小，不清晰。

解决办法：

① 掌握正确的树脂版曝光时间，尤其是空心文字、线条最容易糊版，设计时把图文尽量加粗一点。

② 晒版机吸气要结实。如果吸气不实，树脂版与软片之间存在间隙，紫外线就会从四周射入，造成感光糊版。

③ 在晒版之前要仔细检查底片是否糊版，透光性好、反差大、清晰，才能达到制版质量的需要。

3. 树脂版冲刷不动

主要原因：

① 树脂版的版材已经超过了保质期，或者在生产、储藏、运输的过程中漏光，树脂版感光硬化。

② 冲洗刷版时水温过低。

③ 软片暗房处理不佳，底片蔽光性差，密度小。

解决办法：

① 树脂版保存期约为半年左右，印刷厂家应根据本厂的生产能力和用量购买，不要盲目购买过量，否则会造成超期失效。

② 树脂版是感光材料，最怕生产、储藏、运输环节上出现漏光。保存树脂版时，暂时不用的版材应放在密封的盒里，用黑色塑料袋封存；树脂版应放置在干燥、防潮处保存。

③ 刷版时水温控制在 60～70℃。水温过低，会影响未感光树脂版胶膜遇水后溶解；水温高，溶解则加快。

4. 树脂版上出现花纹或伤痕

主要原因：

① 曝光之前，树脂版上没有涂擦少量的滑石粉、玉米淀粉，造成底片与树脂版之间接触不紧密，有气泡。

② 晒版机真空泵吸气不实。

③ 底片透光的地方不光洁、有灰雾。

解决办法：

① 在树脂版表面涂擦微量的滑石粉、玉米淀粉，其目的就是防止版面上树脂粘连底片，造成吸气不实。树脂版上附有微量的细小颗粒物质，就可以解决这个问题。

② 晒版机使用一段时间之后，就要及时检修，加注真空油，清理干净吸气橡胶管壁内的灰尘、纸毛，真空泵吸风量一般在 30～40m³/h。

③ 底片的透光性能要好，注意曝光、显影时间，定影、水洗要彻底，使底片无灰雾、不发黄。

5. 树脂版卷曲、干裂

主要原因：

① 干燥及热固化时间过长。

② 后曝光（补光）过量。

③ 版材过期或者存在质量问题。

解决办法：

① 树脂版干燥以及热固化处理时间不能太长。只要版面干燥，弯曲的线条变直即可。

② 后曝光（补光）在干燥、热固化处理之后进行，不能过量补光，否则易把树脂变硬变脆。看到版面由绿色变成浅红再变成古黄色就可以了。遇到版材卷曲严重，可放入水中浸泡 5～10min，再重新干燥一下即可。

③ 版材使用时要认清生产日期，过期变质的版材易卷曲，不宜再使用。

6. 印刷出来的图文残缺不全

主要原因：

① 晒版机玻璃板脏污严重。

② 底版描墨时弄脏底片图文部分，拼版的红撕膜碎片飘落在底片上。

③ 刷版时用力过大，刷毛过硬。

解决办法：

① 养成文明安全生产的良好工作习惯。晒版前将晒版机玻璃板内外的灰尘、油污、墨点、纸屑等脏污物用水或者药棉蘸酒精清洗干净。

② 底片上描墨时要小心，不要将图文描住，墨迹干燥之后才能再晒版，用拼版红撕膜遮掩版面，防止碎片脱落到图文上遮光，造成图文残缺不全。

③ 刷树脂版时，用力要均匀，先重后轻；刷毛不要过硬。同时，也要防止硬物划伤版面，造成破损。

七、新式制版方式——激光制版技术

随着激光雕刻技术的快速发展，柔性树脂版也逐渐由过去的间接制版工艺转化为激光雕刻的直接制版工艺。所谓直接雕刻就是雕刻机使用高能激光直接烧蚀掉印版上非图文部分的一定厚度的版材，形成突起的图文部分网点。这样无须曝光、洗版和烘干过程。过去受限于输出速度、高能量激光设备的价格、激光器的寿命、输出分辨率、印刷品质与传统设备的兼容度等因素，间接雕刻作为世界柔性版直接制版的主流技术，其市场份额曾经超过 90%。随着科学技术的不断进步，激光技术及相关材料的研发，使激光直接雕刻制版的质量和水平明显提高。相信在不远的将来，激光雕刻技术会成为柔版印刷主流的制版技术。

先进的激光技术更加适合大幅面的柔性树脂版的加工。宽幅激光制版机解决了大幅版面需要拼接或由于抽真空不良等所引起的印品质量问题，推动柔性版纸箱印刷进入新里程。同时激光制版选用 2.84mm 厚的版材，制版线数提高，使印刷出来的图象效果更为细腻，层次更丰富，更好地还原图像，高光处更加清晰亮丽。不用胶片，直接制版，避免了胶片密度不够、胶片可能折伤、胶片与版材真空抽气不良、粉尘脏点等问题。激光直接烧蚀版材表面，使网点及文字边缘更垂直。

八、结语

柔性版印刷方式可广泛用于各类包装印刷产品，印刷加工工艺齐全，能够完成几乎所有的标签印刷工艺，如模切、压凹凸、排废、上光、覆膜、揭膜后翻转印刷再裱糊等，适用面较广。但是考虑到生产过程较为复杂，问题较多，印刷企业应该加强企业技术人员的培训和现场控制，减少因认识不到位导致的质量问题。

第二节　瓦楞纸板柔印印刷压力控制

瓦楞纸板柔性版直接印刷具有印刷图文精美、纸板强度高、生产加工效率高及环保等优点，已广泛应用于电器包装、食品包装等多种商品包装印刷领域。在瓦楞纸板柔印加工过程中，影响印刷质量的因素较多，其中以印刷压力最为关键，其直接影响到印版表面油墨的转移效果、印刷图文清晰程度及瓦楞纸板物理性能受损程度等多项技术指标。在实际生产中，印刷压力必须根据瓦楞纸板厚度、柔印版厚度、油墨印刷适性及瓦楞纸板特性等进行合理调节和严格控制。

一、瓦楞纸板柔印基本工艺

目前工业化批量生产瓦楞纸箱的基本工艺流程如图 4-1 所示，主要加

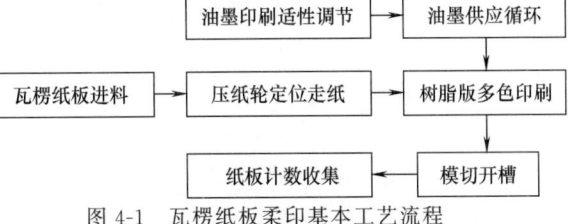

图 4-1　瓦楞纸板柔印基本工艺流程

工设备为多色水性印刷开槽机。

印刷过程中油墨通过匀墨辊和金属网纹辊后，均匀转移到柔性树脂版表面，再由树脂版将油墨转印到瓦楞纸板表面形成图文，其原理如图4-2所示。

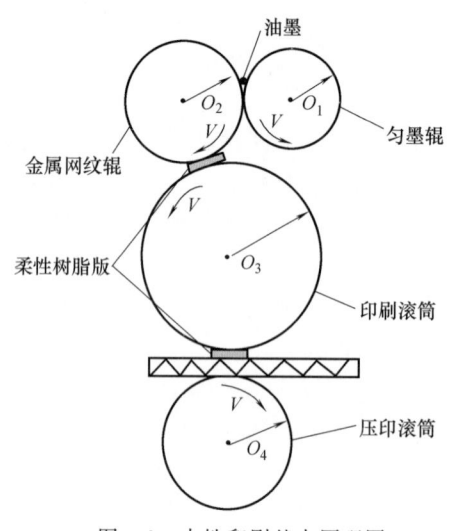

图4-2 水性印刷基本原理图

二、实验

1. 压力调节基本方法

柔性版和瓦楞纸板之间的印刷压力调节是通过调节印版滚筒和压印滚筒之间的间隙实现的。间隙越小，压力越大。一般中低档水性印刷机印刷压力调节往往是通过偏心轮或涡轮蜗杆等机械装置手工调节，高档设备则是通过数显程控装置精确调节。

2. 实验设备及条件

（1）实验设备及测试仪器 CQJ系列多色高速水性印刷开槽机，印刷滚筒和压印滚筒间隙调节范围0～20mm（太阳纸箱机械实业）；凯信塞尺，精度0.01mm（泊头市凯信工量具有限公司）；SP60分光光度计（美国爱色丽）；100倍放大镜；D-WHY-18纸板厚度测定仪（精度0.01mm）、DCP-NRY1200型电脑测控纸和纸板耐破度仪、DCP-KY3000A电脑测控压缩试验仪、FQ-WBD25瓦楞纸板边压（黏合）试样取样器、DC-BCY48戳穿强度实验仪（长江造纸仪器厂）。

（2）实验材料 AB型瓦楞纸板（$d=7.5$mm）100片，面里纸材质为200g/m² 玖龙A级白板挂面牛皮纸；瓦楞芯纸和夹芯纸均为110g/m² 高强度瓦楞纸张。

柔性树脂版：硬度36SHA，版厚3.94mm，粘贴双面胶厚度为4.00mm（美国杜邦感光树脂版）；SUNUP PEL水性柔版印刷油墨，印刷黏度为20s（江苏华阳油墨有限公司）。

（3）印刷条件 CQJ系列多色高速水性印刷开槽机，共有四组印刷色组，网纹辊加网线数为80l/in。

3. 压力调节实验方法

设印版滚筒与压印滚筒间隙为ΔL，纸板厚度为L纸板，柔性树脂版为L印版。分别取ΔL为11.70mm、11.50mm、11.30mm、11.10mm、10.90mm、10.70mm、10.50mm、10.30mm等8个样本点值，其中11.50mm为印版和瓦楞纸板刚接触间隙。按照样本ΔL值，分别测量印版表面油墨转印效果、网点增大值、瓦楞纸板印刷前后物理性能变化，包括瓦楞纸板印刷适时厚度、减压后厚度、耐破度、边压强度、戳穿强度、黏合强度等，通过分析对比，确定ΔL最佳值。

三、结果与讨论

1. 印版表面油墨转移量分析

本实验以油墨实地密度评价油墨转移量。取8个样本ΔL值，调节印刷压力进行印刷,通过 SP60 分光光度计和高倍率放大镜对样张进行实地密度测试,以实地密度评价油墨在设定压力下的转移量。8 个样本中,$\Delta L = 10.30$mm 时,印刷压力最大,此时实测实地密度为 1.53,设此时的实地密度为 100%,然后分别对其他样本点同一实地密度进行测试。取不同 ΔL 值为横坐标,各样本点实地密度与印刷压力最大时的实地密度的比值(A)为纵坐标,绘制印版表面油墨转印量与 ΔL 关系图,如图 4-3 所示。

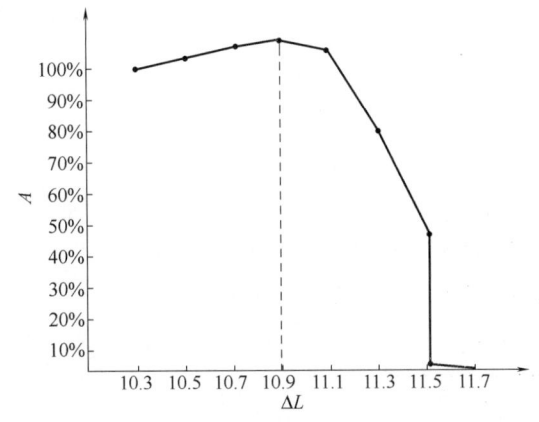

图 4-3　油墨转印量与 ΔL 关系

通过图 4-3 可知,当 10.3mm≤ΔL≤10.9mm 时,实地密度随压力的减小而上升,分析推断主要是由于油墨在过大压力作用下被挤到图文外面的空白处,从而使油墨转移率受到影响,当压力减小时,这种影响减小,油墨转移率上升;比值在 $\Delta L = 10.9$mm 处出现峰值,表明此时实地密度最佳;10.9mm<ΔL≤11.5mm 时,实地密度随着印刷压力的减小而快速下降;当 ΔL>11.5mm 时,印版和纸板间无压力,几乎无油墨转移。可见,在一定范围内时,印刷压力越大油墨的转印效果越佳,但印刷压力也不能过大,否则油墨就会被挤到图文外面空白处,一方面会造成网点增大,图像模糊;另一方面油墨转移也会呈现下降的趋势,使印刷品墨色浓淡不清,无法清晰还原原稿色彩。

2. 网点增大现象分析

为了便于准确测量网点增大值,实验选择 50% 网点作为观察对象,利用分光光度计对不同印刷压力下的网点增大测试,并绘制网点增大值(W)与 ΔL 关系曲线,如图 4-4 所示。

通过图 4-4 可以清楚看到:ΔL≥11.5mm 时,印版和纸板间无压力,无油墨转移,故无网点增大现象;10.9mm≤ΔL≤11.5mm 时,网点增大在 5% 以内,网点增大较小,主要由于压力较小,柔性树脂版和瓦楞纸板形变不明显;当 ΔL<10.9mm 时,柔性树脂版和瓦楞纸板形变随着压力增大快速增加,图文网点快速增大,且 ΔL 越小,网点增大越大,图文越模糊。

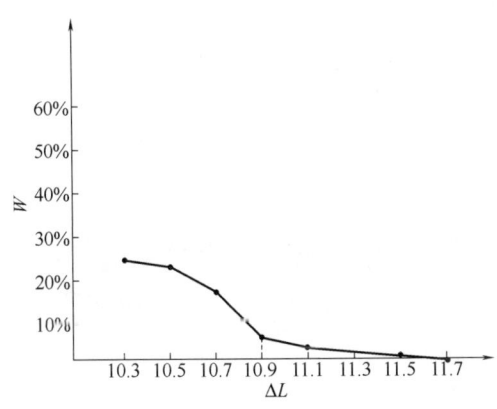

图 4-4　网点增大值与 ΔL 关系图

3. 瓦楞纸板物理性能测试结果分析

印刷前从试验纸板中随机抽取 10 片进行以下五项物理指标检测,按照《GB/T 6544—2008 瓦楞纸板》检测标准进行,每项指标测量 10 次,取平均值,测量结果如表 4-1 所示。

表 4-1　　印刷前瓦楞纸板物理指标

物 理 指 标	印刷前检测平均值
厚度/mm	7.50
耐破度/kPa	1.33×10^3
戳穿强度/J	9.80
边压强度/(N/m)	6.12×10^3
黏合强度/(N/m)	5.95×10^2

（1）瓦楞纸板厚度的变化分析　　选用精度为0.01mm的D-WHY-18纸板厚度测定仪分别对印刷前后的瓦楞纸板厚度进行检测并绘图，结果如表4-2所示，为了较好地对比纸板厚度变化，绘制如图4-5所示。

表 4-2　　柔性版及瓦楞纸板厚度变化

ΔL 值/mm	柔性版厚度/mm	纸板适时厚度/mm	减压后纸板厚度/mm
11.7	4.00	7.50	7.50
11.5	4.00	7.50	7.50
11.3	3.85	7.45	7.48
11.1	3.75	7.35	7.40
10.9	3.73	7.17	7.30
10.7	3.72	6.98	7.10
10.5	3.71	6.79	7.00
10.3	3.70	6.60	6.83

通过图4-5可知，$\Delta L \geqslant 11.5$mm时，瓦楞纸板和树脂印版厚度无变化；$11.1\text{mm} \leqslant \Delta L < 11.5\text{mm}$时，树脂版出现弹性形变，而瓦楞纸板厚度变化较小；$\Delta L < 11.1$mm时，树脂版厚度变化较小，而瓦楞纸板厚度呈现快速下降趋势，表明瓦楞在印刷压力作用下，产生了明显变形。印刷减压后，纸板变形明显。

（2）耐破度变化分析　　选用DCP-NRY1200型电脑测控纸和纸板耐破度仪对8个样本点压力下印刷的瓦楞纸板耐破度进行检测，测量值分别与印前纸板耐破度平均值1.33×10^3kPa对比，对比结果如图4-6所示。

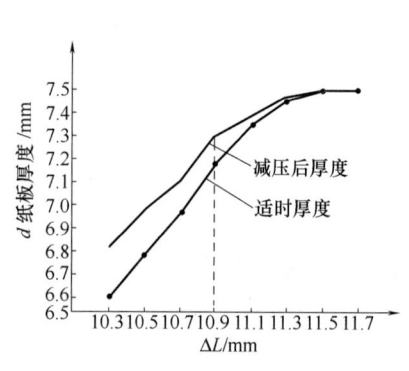

图 4-5　印刷前后瓦楞纸板厚度与 ΔL 关系图

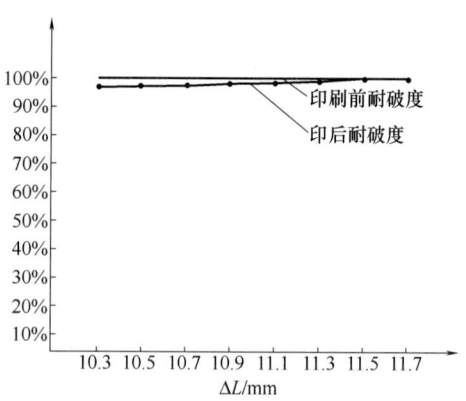

图 4-6　耐破度变化与 ΔL 关系图

图 4-6 显示,耐破度在印刷前后无明显变化。实际上根据耐破度检测原理可知,瓦楞纸板的耐破度大小主要取决于瓦楞纸板面纸、里纸和芯纸的耐破度,瓦楞形状和瓦楞高度等因素对其影响较小。

(3) 边压强度印刷前后变化分析
采用 DCP-KY3000A 电脑测控压缩试验仪对 8 个样本点压力下印刷的瓦楞纸板边压强度进行检测,测量值分别与印前纸板边压强度平均值 $6.12\times10^3\text{N/m}$ 对比,对比结果如图 4-7 所示。

图 4-7 显示,边压强度在印刷过程中随着印刷压力的变化出现了明显的变化。$\Delta L\geqslant 10.9\text{mm}$ 时,瓦楞纸板边压强度变化较小,下降幅度在 10% 以内;

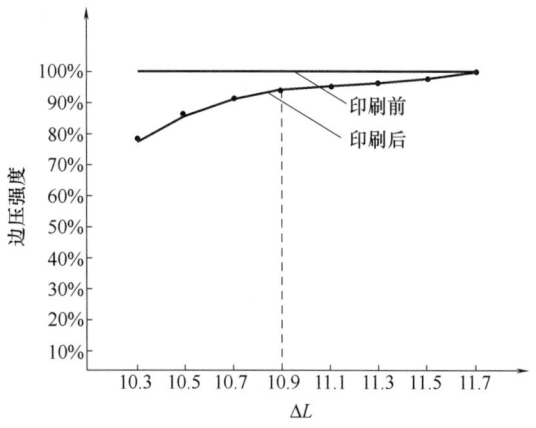

图 4-7 边压强度变化与 ΔL 关系图

当 $\Delta L<10.9\text{mm}$ 时,随着压力的增加而快速下降,主要是因为瓦楞纸板在压力作用下,瓦楞出现明显的变形和损伤。如果加大取值范围,当边压强度下降到更低值时,不再有明显下降。

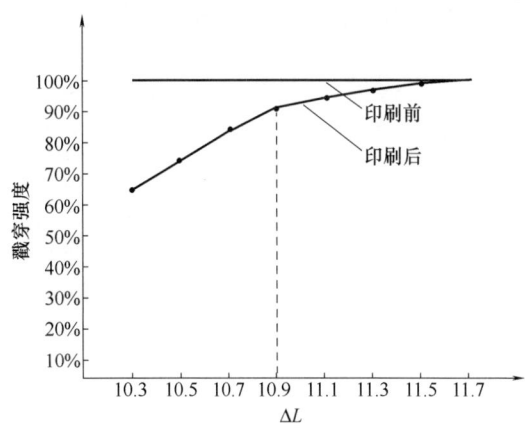

图 4-8 戳穿强度变化与 ΔL 关系图

(4) 戳穿强度变化分析 选用 DC-BCY48 戳穿强度实验仪对 8 个样本点压力下印刷的瓦楞纸板戳穿强度进行检测,测量值分别与印前纸板边压强度平均值 9.8J 对比,对比结果如图 4-8 所示。

图 4-8 显示,随着印刷压力的变化戳穿强度有较明显改变。$\Delta L\geqslant 10.9\text{mm}$ 时,瓦楞纸板戳穿强度变化较小,下降幅度在 10% 以内;$\Delta L\leqslant 10.9\text{mm}$ 时,瓦楞纸板戳穿强度随着印刷压力增大而下降,分析原因,主要是因为瓦楞纸板在压力作用下,瓦楞出现明显的变形和损伤。

(5) 黏合强度变化分析
采用 DCP-KY3000A 电脑测控压缩试验仪对 8 个样本点压力下印刷的瓦楞纸板黏合强度进行检测,测量值分别与印前纸板黏合强度平均值 $5.95\times10^2\text{N/m}$ 对比,结果如图 4-9 所示。

图 4-9 表明,黏合强度在印刷压力变化的过程中变化幅度较小,尤其是 $\Delta L\geqslant 10.7\text{mm}$ 后。只有当压力过大,导致瓦楞纸板各层间纸张出现蠕动,黏合结构受损,才会造成黏合强度明显下降。

四、结论

(1) 实验中通过改变 ΔL 值,对油墨转移率(实地密度)、网点增大值及瓦楞纸板印

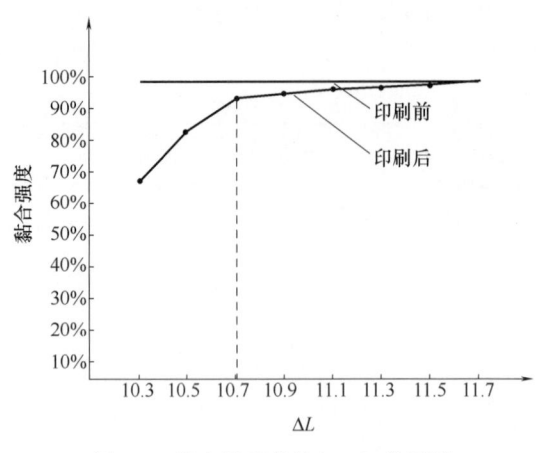

图 4-9　黏合强度变化与 ΔL 关系图

刷前后物理性能变化的研究,可以清楚地看到:当 $\Delta L \geqslant 10.9\mathrm{mm}$ 时,检测指标都在可接受范围内,当 $\Delta L < 10.9\mathrm{mm}$ 时,各项指标出现了较大变化,表明当压力过大时,产品质量会受到严重影响,因此实际生产过程中必须对压力进行严格控制。

(2) 通过 7.5mm 厚的五层 AB 型瓦楞纸板柔性版印刷的压力调节,对纸板印刷效果及物理性能的多项技术指标进行测试,统计分析得出了瓦楞纸板印刷的最佳压力间隙 ΔL 值为 10.9mm,此时柔性树脂版的实际尺寸为 3.73mm,瓦楞纸板的适时厚度为 7.17mm,减压后纸板厚度为 7.30mm,瓦楞纸板印刷后厚度压缩了 2.7%。

(3) 本部分只针对五层 AB 型瓦楞纸板进行了部分内容的测试和分析,在实际生产过程中,常用纸板类型还有很多,要想满足高效化高品质作业生产,必须逐一检测和分析,建立必要的数据库。

第三节　瓦楞纸板常用的技术指标检测

在瓦楞纸板生产加工和印刷成型的过程中,为了较好地评价其生产加工质量,一般从业者必须掌握以下几项有关瓦楞纸板物理机械性能检测的技术指标测定方法,主要指标包括:瓦楞纸耐破度、瓦楞纸戳穿强度、瓦楞纸环压强度(RCT)、瓦楞纸边压强度(ECT)、瓦楞纸黏接强度等。

一、瓦楞纸耐破度测试

1. 瓦楞纸耐破度测定概况

瓦楞纸板的耐破强度是指在一定的检测条件下,单位面积所能承受的垂直于试样表面的均匀增加的最大压力,单位是 kPa。瓦楞纸的耐破度主要影响因素是纤维结合力,其次才是纤维平均长度、纤维强度和纤维在纸中的定位等,其耐破度值可以认为是各层面纸耐破度值的总和,通常包装用纸均应有足够的耐破强度,它是一项公认的具有重要意义的性能指标。

2. 瓦楞纸耐破度测定

(1) 环境和仪器

环境要求:相对湿度 65%±2%,温度为 20℃±2℃

仪器设备:纸板耐破度测定仪(图 4-10)。仪器型号为:NPD-3000 纸张耐破度测定仪。

(2) 试验原理　耐破强度与原纸的纤维韧性、硬度和纸质的厚度、紧度、含水率以及纸板的黏合强度等有一定的关系，测试时必须在所规定的标准温、湿度条件下进行。

耐破度的测定常用试样夹盘系统进行，检测时将试样置于胶膜上并用试样夹夹紧，然后均匀地施加压力，测定时为防止试样滑动，试样夹盘应具有不低于690kPa的夹持力。在压力下试样与胶膜一起自由凸起，直至试样破裂，试样的耐破度即为此时施加力的最大值。

取样时要切取没有水印、折子、皱纹、损伤，规格为140mm×140mm的试样12块，试样的一边应与瓦楞方向平行。耐破强度检测时，将试样分成两组，一组以正面贴向橡胶膜，另

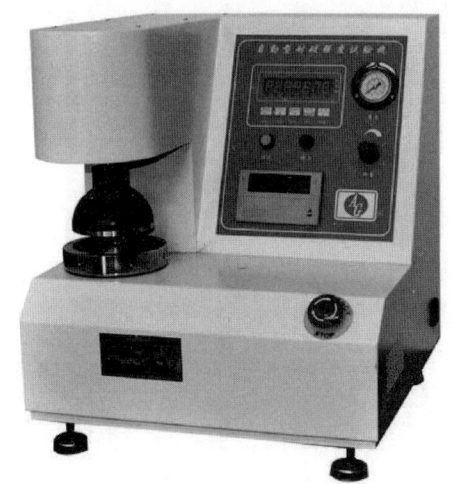

图4-10　纸板耐破度测定仪

一组反面贴向橡胶膜进行检测，当试样被压破时，读取检测数值。为保证结果的准确性，可以所有测定值的算术平均值来表示耐破度的大小。结果的精密程度决定于试样的均匀程度和其他一些因素，如压力表的误差、夹持力的情况、加压速率、系统中有无空气、胶膜的情况等。

(3) 试验步骤
① 接通电源，注意电动机转向与红色箭头一致。
② 取试样放置上、下夹环之间，夹紧时的压力不得小于1.25MPa，停止加压。
③ 校准压力表主针、副针零位位置。
④ 向左推进手柄，直至试样破裂，再向右推动手柄复位，记录副针的读数。
⑤ 松开夹环，取出试样，使指针复位。
⑥ 切断电源。

二、瓦楞纸戳穿强度测定

1. 瓦楞纸戳穿强度测定概况

瓦楞纸板的戳穿强度就是指以一定形状的角锥穿过瓦楞纸板所做的功，所显示的能量称为瓦楞纸板的戳穿强度，此能量包括开始穿刺、纸板撕裂并弯折成孔所需的功的总和，单位是J，可采用戳穿强度测定仪进行检验。瓦楞纸板的戳穿强度与原纸的纤维韧性、硬度、紧度、含水率，以及纸板的黏合强度和纸板的厚度等有着密切的关系。戳穿强度可以反映瓦楞纸板承受锐利物冲撞时的抵抗能力，是一项重要的动强度性能指标。

2. 瓦楞纸耐破度测定

(1) 环境和仪器
环境要求：相对湿度65%±2%，温度为20℃±2℃
仪器设备：纸板戳穿强度测定仪（图4-11）
(2) 试验原理　戳穿试验中，角锥戳穿头穿透试样的过程由三个连续动作组成，即刺

穿、撕裂和弯折。检测时，应注意试样需夹紧，如出现滑移现象，该检测数值应视为无效。

(3) 试验步骤　检测时挑选无破坏、无水印、无折痕和无其他外观缺陷，规格为 175mm×175mm 的检测样 12 块。分切试样时应注意起始线应与瓦楞成平行状态。在每次检测之前应对仪器调零校准，根据试样的大体强度，选择适当的重锤，使测量值在测量范围的 20%～80%。测试档位、测量范围、示值误差等主要参数如表 4-3。

图 4-11　纸板戳穿强度测定仪

表 4-3　主要参数

测试档位	测量范围	示值误差
A 档	(1～6)J	±0.05J
B 档	(1～12)J	±0.10J
C 档	(1～24)J	±0.20J
D 档	(1～48)J	±0.50J

① 按试样要求选好量程，加上相应的重铊，将摆体吊挂在释放架上，关上保险手柄以保安全。

② 把指针拨到最大极限挡块处，逆时针扳动扳手，使下压纸板与上压纸板分离，将试样放在上、下压纸板中间，松开扳手使上、下压纸板夹紧试样。

③ 把防摩擦环套在戳穿头上。

④ 拉开保险手柄推动释放手柄。

⑤ 使戳穿头穿过试样。

⑥ 回程时顺势用手将摆体吊挂在释放架上，关上保险手柄。

⑦ 从相应的刻度中读出相当于用作戳穿试样和克服测定仪摩擦作用所用的总能量。

(4) 注意事项

① 仪器放置地点应干燥、无震动，不宜经常搬动。

② 上下纸板重合的两个平面应保持清洁，尤其不能有金属物夹在中间。

③ 防摩擦环安装不当极易损坏，使用时应安装正确。

(5) 维护保养

① 摆体主轴、指针轴应定期注入仪表油，其余滑动部可注入润滑油（20#机油）。

② 防摩擦环安装不当极易损坏，使用时应安装正确。

③ 戳穿头在不用时应用油纸贴于其上，以保护其表面粗糙度。

④ 做完试验后，用刷子扫去两面夹板间的纸屑。

⑤ 除去仪器上的灰尘，并用防尘罩罩好。

三、瓦楞纸环压强度（RCT）测定

1. 瓦楞纸环压强度（RCT）测定概况

纸板和瓦楞纸板加工成纸箱后，在使用的过程中，因纸箱的贮运，会经受一定的压

力,为使纸箱在此压力作用下不被压坏,使所装货物免受破损,要求承做纸箱的材料应有足够的环压强度。

纸板环压强度是指将一定尺寸的试样,插在试样座内形成圆环形,在上下压板之间施压,试样被压溃前所能承受的最大力。环压强度表征纸板边缘承受压力的性能,是箱纸板和瓦楞原纸重要的强度指标。

2. 瓦楞纸耐破度测定

(1) 环境和仪器

环境要求:相对湿度 65%±2%,温度为 20℃±2℃

仪器设备:环压强度测试仪(本仪器配带环压试验中心盘即十三中心盘)(图 4-12),仪器型号为:YSD-03。

(2) 试验原理

仪器及工作原理:

环压强度通常采用压缩强度仪进行测定,该仪器可以进行多种压缩强度测定。

① 仪器结构

A 传动机构:由涡轮、涡杆、链轮、丝杆等组成。

B 测量机构:由上、下压板组成。

上压板连接传动机构,可以上下移动。下压板安装在压力传感器上,压力的变化通过传感器检测后经 A/D 转换器转换成电信号,放大后由液晶显示器或光电显示器直接显示读数。

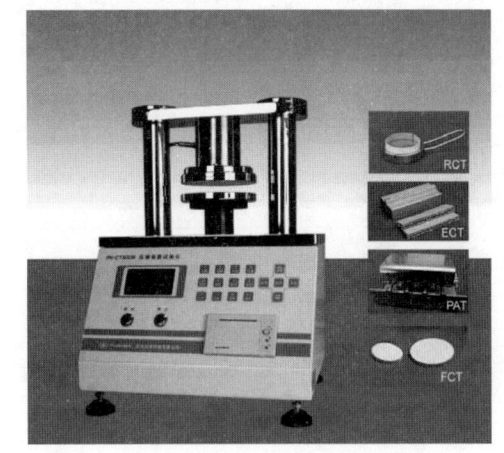

图 4-12 环压强度测试仪

C 试样座:用于测定时放置试样。环形沟槽的宽度,根据试样厚度的不同而改变,通过变换不同直径的内盘而达到。

② 工作原理。仪器是根据虎克定律和梁的弯曲变形理论而设计的。

测定时,试样置于上、下压板间的试样座内。开动仪器,使上压板以恒速下降,当接触试样时,上压板所承受的压力即通过试样、下压板传递到弹簧板上而使之变形,其变形程度由装设在弹簧板下面的压力传感器接受。压力的变化通过传感器检测后经 A/D 转换器转换成电信号,放大后由液晶显示器或光电显示器直接显示读数。即为试样的环压强度。

(3) 试验步骤

① 用专用的切纸刀切成宽 12.7mm、长 152mm 的试样,取 10 片进行检测,插入试样座沟槽内,并使试样的一半正面向外,一半反面向外。置试样座于下压板的中心位置,调节指针在零位。试验要分别测定纵、横向的环压强度。

② 启动仪器,使上限板均匀下降而压缩试样,直至试样被压溃,待指针不动后提起上压板。

原纸的紧度、定量如何,很大程度上影响着其环压强度。环压强度好的纸,其环压指数相应也就高;只有先测出环压强度值,才能求出环压指数值,以下是环压强度和环压指数的换算公式：

A 环压强度：$R=F/152$。式中：R 表示环压强度，单位 kN/m；F 是试样压溃时读取的力值，单位 N；152 是试样的长度，单位 mm。

B 环压指数：$Rd=1000R/W$。式中：Rd 表示环压指数，单位 N·m/g；R 表示环压强度，单位 kN/m；W 是试样的定量，单位 g/m^2。

四、瓦楞纸边压强度（ECT）测定

1. 瓦楞纸边压强度（ECT）测定概况

瓦楞纸的边压强度是指将试样置于压缩强度测定仪两压板之间并使试样的瓦楞方向垂直于耐压强度测定器的两板，然后对试样施加压力，至压溃前所能承受的最大压缩力，以牛顿每米（N/m）表示。

瓦楞纸板边压强度是影响纸箱抗压强度的重要因素之一，它是瓦楞纸板生产过程中主要的质量控制项目，通过边压强度可以预测纸箱抗压强度，所以此项指标倍受重视。

瓦楞纸的环压强度影响着瓦楞纸的边压强度，而瓦楞纸板的边压强度将对纸箱的整体抗压强度产生重要影响。

2. 瓦楞纸耐破度测定

（1）环境和仪器

环境要求：相对湿度 65%±2%，温度为 20℃±2℃

仪器设备：环压强度测试仪（如图 4-12）、瓦楞纸板边压（黏合）试样取样器、金属导块，截面 20mm×20mm，长不少于 100mm 的打磨平滑的长方形金属块，用于支持试样垂直于压板，可用很细的砂纸包上，注意保持表面的平整和平行度。

（2）试验原理　同环压强度测试仪。

将长方形的瓦楞纸板立于压板间（槽纹垂直压板），运动压板，使试样承受不断增长的压缩力至被压溃，由试样所承受的最大压缩力，求得试样的边压强度。

（3）试验步骤

① 切取长 100±0.5mm、宽 25±0.5mm，或取长 50.5±0.5mm、宽 30.5±0.5mm 的试样，其瓦楞槽纹要垂直于长边。

② 置试样于仪器的下压板中心位置，并用金属导板夹持（其槽纹与压板垂直）。

③ 启动仪器，使上压板以 12.5±2.5mm/min 的速度下降，待上压板负荷至 50N 时将导板去掉，继续加压至压溃，读取最大负荷时的压缩力，准确至 1N。

④ 更换试样，按同样程序进行十次测定。在测定时若试样倾斜或面板裂开，应废弃重做。

（4）结果计算

设瓦楞纸板边缘耐压强度为 ECT（N/m），则

$$ECT = F \times 10^3 / L$$

式中：ECT——边压强度，（N/m）；
F——最大压缩力，N；
L——试样长边尺寸，mm。

(5) 注意事项　瓦楞纸板边压强度试验对试样切片的要求很严格，一般应使用专用边压取样器切取试样；在试验开始阶段还应借助于专用试样导块辅助试样垂直立于试验平台上。以所有测定值的算术平均值表示结果，精确至 10N/m。

五、瓦楞纸黏接强度的测定

1. 瓦楞纸黏接强度测定概况

瓦楞纸板的面纸、里纸、芯纸和波型瓦楞纸的楞峰黏合程度，在一定单位长度内所能承受的最大剥离力，叫作瓦楞纸板的黏合强度。黏合强度是表征瓦楞纸板面纸和芯纸之间黏合牢固程度的特性指标。面纸和芯纸之间若黏合不牢固或存在黏合缺陷，则将影响瓦楞纸板的强度性能，用这种有缺陷的瓦楞纸板制造的纸箱必将存在质量缺陷，因此黏合强度亦是一项重要性能指标。

2. 瓦楞纸黏接强度测定

(1) 环境和仪器

环境要求：相对湿度 65%±2%，温度为 20℃±2℃。

仪器设备：压缩强度测定仪（如图 4-13，采用与测定环压强度同样规格的仪器）、附件：由上部分附件和下部分附件组成，是对试样各黏着部分施加均匀外力的装置。每部分附件由等距插入瓦楞纸板空间中心的针式件和支撑件组成（图 4-13）。

针式件和支撑件的平行度偏差应小于 1%。

图 4-13　附件

(2) 试验原理　以单层瓦楞纸板为例加以叙述。两张挂面纸板和已压成瓦楞的中芯牢固地粘接起来，才能作为一个结构体发挥出强度效应，因而黏合强度是一个必要的特性指标。黏合剂的质量、配方以及设备、操作工艺等因素的合适与否，决定着纸板的黏合强度，而纸板黏合强度的好坏，在很大程度上影响着纸箱的抗压力强度、耐破强度和戳穿强度等性能。测定原理是将针式附件插入试样的楞纸和面纸之间（或芯纸之间），然后对插有试样的针式附件施压，使其做相对运动，直至被分离部分分开。

(3) 测定方法　切取 10 个 25mm×80mm 的瓦楞纸板试样，瓦楞方向与 25mm 尺寸线方向一致，试样尺寸误差为±1mm。

将被测试样装入附件。然后将其放在测定仪下压板的中心位置。开动测定器，以 (12.5±2.5) mm/min 的速度对装有试样的附件施压，直至楞峰和面纸（或芯纸）分离为止。将所读取的千分表数值换算为弹簧板的应力—应变曲线上所显示的压力，精确至 1N。

以所有测定值的算术平均值表示结果。

设瓦楞纸板的黏合强度为 X （N/m^2），则

$$X = F/S$$

式中　F——试样被全部分离时所需最大力，N；

　　　S——试样面积，m^2。

(4) 试验步骤　试样的制备：从样品中切取 10 个 25mm×80mm 的试样，瓦楞方向

应与短边的方向一致。试样尺寸误差为±1mm。

① 先将被测试的试样装入附件，然后将其放在压缩仪的下压板的中心位置。

② 开动压缩仪，以（12.5±2.5）mm/min 的速度对装有试样的附件施压，直至楞峰和面纸（或芯纸）分离为止。记录显示的最大力，精确至1N。

③ 结果表示。

计算所有测试的平均值，然后按下式计算瓦楞纸板的黏合强度：

$$P = F/L$$

式中　P——黏合强度，N/m；

　　　F——试样全部分离时所需的最大力，N；

　　　L——试样长边的尺寸，m。

六、瓦楞纸检测设备及执行标准

QD-3072　打浆度测试仪

GB/T 3332—2004　浆料打浆度的测定（肖伯尔—瑞格勒法）

QD-3002　恒温恒湿试验机

GB 2423.03　恒定湿热测定方法

QD-3018　电热恒温干燥箱

GB/T 464.1—1989　纸和纸板的干热加速老化方法（105±2℃、72h）

QD-3025　电子天平

GB/T 451.2—2002　纸和纸板定量的测定

QDFD-G1　纸板专用水分检测仪

GB/T 462—1989，ISO 287—1985（1991）　纸和纸板水分的测定法

QD-3078　撕裂强度试验仪

GB/T 455—2002　纸和纸板撕裂度的测定

QD-3079　离心甩干机

GB/T 5399—1985　纸浆浓度的测定（快速法）

QD-3075　纸张挺度仪

GB/T 2679.3—1996　纸和纸板挺度的测定

QD-3033　白度仪

GB/T 2679.1—1993，GB/T 7973—1987，GB/T 7974—2002，GB/T 8940.1—1988　纸透明度的测定纸浆、纸及纸板漫反射因数测定法（漫射/垂直法），纸、纸板和纸浆亮度（白度）的测定（漫射/垂直法）

WGG60-Y4　光泽度测试仪

GB/T 8941.1—1988，GB/T 8941.2—1988，GB/T 8941.3—1988　纸和纸板镜面光泽度测定法（角测定法）

QD-3009　平滑度仪

GB/T 456—2002　纸和纸板平滑度的测定（别克法）

QD-3031　印刷品油墨耐磨仪

GB 7706—2008 《凸版装潢印刷品》

QD-3016 包装跌落试验仪

GB 4857.5 《运输包装件基本试验垂直冲击跌落试验方法》

QD-3017 模拟运输振动仪

GB/T 4857.7—92 《运输包装件正弦定频振动试验方法》

QC800 条码检测仪

GB/T 18348—2001 在计算机上进行传统法，评估、CEN 或 ANSI 法评估

QD-3066 标准光源对色灯箱

第四节 柔印瓦楞纸板常见质量问题

影响瓦楞纸板印品质量的因素有制版、设备、材料、技术、环境等多个方面。

1. 印前处理

首先，原稿设计中要注意准确运用色彩。针对瓦楞纸板柔版印刷的包装设计，在色彩运用方面，一要创意出各类或淡雅、或豪放、或温馨、或有强烈视觉冲击力的作品；二要尽可能地将印刷色数减少，减少套印次数。套印次数越多，瓦楞纸板的抗压强度下降得就越严重。

其次，注意层次的应用。包装设计的风格，有的追求简洁明快，有的追求层次丰富。由于柔性版本身具有高弹性而易变形，故受压后网点扩大较严重。在制版过程中，1% 或 2% 的小网点在洗版时容易丢失，在印刷过程中 3% 的网点往往会扩大为 10% 左右，不可能实现由 0～100% 的渐变或层次非常柔和的效果。所以柔印产品所能表现的高光和暗调的层次区域相对要少，印得较好的产品高光处也只能再现 8%～10% 的网点。

在图像设计制作中，线条、文字、色块最好使用矢量软件，处理图像或制作一些特技效果，可用 Photoshop 等像素形式的软件。

2. 选择合适的版材

目前一般选用感光性树脂版，厚度有 2.84mm、3.94mm、7.00mm 等多种。传统的柔印常用 7.00mm 厚的印版，印刷时若压力过大，印刷基材易变形甚至被损坏，同时树脂印版变形，网点膨胀；印刷压力过小时，印刷基材又容易产生搓衣板现象，影响实地及精细线条。用 3.94mm 厚的薄版加 3.06mm 厚的气垫包衬（肖氏硬度 20～25），不仅可使印版变形减小，印刷质量得到很大的提高，而且还可以降低版材及制版成本。

如今薄版技术在中高档瓦楞纸板柔印中日益普及。使用薄版，要注意衬垫的选用。衬垫有塑料泡沫衬垫、橡胶包衬（又分有或无 PE 底基膜两种）和 R/bak 气垫包衬。

R/bak 包衬是一种聚氨酯型材料，其柔性高于树脂的或橡胶的 2～10 倍，具有弹性高、不变形、受压复原快等优点。它是目前瓦楞纸板印刷中应用最广泛的一种衬垫材料，能明显地提高印刷质量，适于精细图案的印刷，正逐步取代厚版印刷。

3. 注意网纹辊的选配

由于柔印是通过网纹辊传墨的，网纹辊的质量与线数的高低决定了传墨量的大小和印刷的精细程度。一般来说，网目调版要用高线数网纹辊，以使网点印刷清晰；而实地版则用低线数网纹辊，以达到色彩饱和。如既有网目调图像，又有实地，一般把某种颜色分别

制成网目调版和实地版,以方便印刷操作。若大面积实地连着局部的渐变,一般可选用适中线数的网纹辊。选择网纹辊线数还要注意与加网线数匹配,以避免和减轻产生龟纹的可能。此外,在包装设计中,很多时候会使用金墨、银墨等来丰富包装设计效果,提高包装档次。在使用金墨、银墨时,如果图案包含网目调,最好在高光和暗调处多留出一些空间,高光处网点最好在20%以上,因为这类油墨印刷网点很容易糊版。

4. 选用优质水性油墨

水性油墨的优劣是保证瓦楞纸板印刷颜色是否纯正、鲜亮的关键。

选用的水性油墨要求批次之间色相、黏度等性质基本一致。优质的油墨手感细腻,黏稠、浓度适宜,加水或醇类溶剂稀释时无沉淀、结块等现象,搅拌时无泡沫产生,与其他水性油墨混合配色时亲和力好,无异常反应。但要注意:不可将水性油墨与醇性油墨、溶剂型油墨混合使用,或在水性油墨中加入有机溶剂,以免引起印刷故障和影响印刷质量。

使用中要注意测量水墨黏度,既不能过高,也不能太低。要注意pH的变化。因为在印刷过程中,由于水的挥发作用,会导致水性油墨黏度升高和pH下降,pH应控制在8.5～9.5,若超出此范围,可用pH稳定剂进行调节,若黏稠度稍大时可加适量水做调整。在使用过程中,如油墨出现较多泡沫,可添加少量消泡剂,加入量一般要控制在油墨量的0.2%以内。此外,使用前,要注意油墨的附着力、耐磨、耐水性及干燥性。这些性能的选择根据该瓦楞纸的用途而定。例如,用于冷冻品、水产品或罐装饮料包装的,应选择附着力强、快干、遇水不易脱墨的油墨。

5. 确保印刷套准精度,控制印刷压力

套印精度首先取决于柔印机的精度和送纸部推纸板是否平行,再者就是版面制作精度(这里不涉及阶调的压缩以及缩版问题)、装版及校正。印版做好后,可取一张厚0.5mm的透明聚丙烯片基,在其长度中心画一直线,覆在印版上,用水笔依印版边缘画线,精确描出所有边线(如套印三色可再画一块),最后按套印色别,把相应的印版黏牢在画好的位置上,然后用双面胶将印版贴到印刷机的滚筒上,版基中线与印机装版滚筒中心对正重合,就可保证套印准确。

在瓦楞纸板柔印中,既要追求图案的精美,也要考虑到印刷难度。如细小的文字和图案,若要套印,如套印精度不理想,就势必造成印刷图案不美观和增加废品率,一般可通过陷印来解决这一问题。瓦楞纸板的陷印通常做到0.5～1mm,互补色的套印有难度,两色交界处会出现明显的黑边,影响包装的美感。相对来说,深色和浅色的套印会好许多。

6. 注意印刷图文的清晰度

印刷图文的清晰度是最直观的印刷质量之一。要保证印刷图文的清晰度,首先要选用耐磨、弹性适中、质量优良的版材。无论是用阴图软片晒制的印版还是手工刀刻的印版,版面上图案、线条深度一般不应低于3mm,弧线要圆,直线要直。印刷时油墨要适当调淡一些,墨层不宜过厚,压力要适中稳定(面纸印迹无明显凹痕为准)。印刷机速度一般应控制在800r/min,太低,面纸着墨不均匀,会露底;太快,会使墨迹过浓,版面易模糊。同时还要防止纸毛、纸屑等进入印刷机粘到印版上,如有,应停机,擦拭干净再印。

7. 注意满版印刷对纸箱强度的影响

瓦楞纸板印刷时,纸板是经过印刷机上导纸辊、印刷滚筒传递到开槽部成型的。纸板在传递过程中受滚筒压力会发生不同程度的变形,势必影响到以后纸箱的强度,满版印刷

时尤为突出。同样材料的纸箱，印刷之后与之前相比，其强度要降低30%左右。因此生产过程中，一般可采取三种措施缓解这个问题：首先，对印刷机各导纸辊间隙适当调整，以略小于纸板厚度0.1~0.15mm为准，让待印纸板顺利通过而不变形为宜；其次，注意调整印刷压力，以印版压力能满足印刷清晰、面纸手感无凹痕、平整即可；最后，可适当提高印刷机的车速（1000r/min以上），使纸板尽快通过印刷机，减少纸板受压时间。

8. 注意印刷中一些问题的处理

瓦楞纸板柔版性直接印刷中，经常会遇到的问题有：印版图文膨胀、线条粗化，在叠色覆盖印刷中无法盖住底色，印刷品呈现许多如针孔样的圆孔，面纸字迹印刷模糊，纸板表面有压痕，印品表面有粉末且易掉色，纸板表面起毛等。这些问题的解决，或通过调节油墨黏度，或通过控制压力，或调整输纸辊间隙，或进行清洗等办法，甚至可以调换纸板分别予以解决。

参 考 文 献

[1] 肖志坚. 低碳经济下印刷包装业的发展前景 [J]. 中国出版, 2011, (5)：43-45.
[2] 肖志坚. 瓦楞纸板柔印最佳压力调节的研究 [J]. 中国印刷与包装研究, 2012, 4 (01)：30-34+61.
[3] 陈永常. 瓦楞纸箱的印刷与成型 [M]. 北京：化学工业出版社, 2006.
[4] 钟泽辉, 詹怀宇, 杨辉. 柔性版印刷网点扩大与变形的研究与控制 [J]. 武汉大学学报：信息科学版, 2006, 31 (09)：819-821.
[5] 高英新. 数字化柔性树脂版技术进展 [A]. 中国感光学会辐射固化专业委员会. 2012第十三届中国辐射固化年会论文集 [C]. 中国感光学会辐射固化专业委员会：中国感光学会辐射固化专业委员会, 2012：5.
[6] 许文然, 赵军权, 王楠, 肖瑶. 柔印基材之水洗柔性树脂版简述 [J]. 今日印刷, 2018 (02)：68-71.
[7] 李合成, 高英新. 国产柔印版材的新突破 [J]. 印刷工业, 2010, 5 (11)：93-94.
[8] 康启来. 如何选择柔性版制版设备 [J]. 印刷技术, 2009 (02)：48.
[9] 骆光林. 柔性感光树脂版的制作 [J]. 机电信息, 2005 (10)：38-40.
[10] 张一雄. 浅谈柔性感光树脂版材 [J]. 今日印刷, 2004 (05)：4-6.
[11] 高雪玲. 论柔性感光树脂版的制版工艺 [J]. 出版与印刷, 2003 (S1)：43-44.
[12] 赵宝栋. 柔性感光树脂版的制作和常见故障排除 [J]. 印刷技术, 2000 (08)：36-38.
[13] 简任保. KY感光树脂版材系列产品在柔性印刷中的应用 [J]. 中国包装, 1999 (01)：49-50.
[14] 郭平, 简任保. KY感光树脂版材在柔性版印刷中的应用 [J]. 印刷技术, 1998 (11)：21-23.
[15] 宋倩. 液体柔性感光树脂版 [J]. 今日印刷, 1994 (06)：36-37.
[16] 张戈. 乐凯华光：绿色印刷新演绎 [J]. 印刷工业, 2013, 8 (04)：71.

第五章 立瓦楞纸板认识及废次纸板加工立瓦楞纸板

第一节 高强立瓦楞纸板认识及工艺技术分析

立瓦楞纸板行业里也称高强度蜂窝复合瓦楞纸板。该纸板是 2000 年之后纸包装行业诞生的新产品，该纸板和蜂窝纸板类似，具有非常优越的平面抗压强度，且是一种可持续使用的绿色环保材质，应用范围广泛，包装类纸托盘、缓冲衬垫、纸护角、替木出口包装箱、板，建筑装饰类家具夹层板、隔离板、车船板材、房门夹心、办公屏风、轻质隔板、活动房屋（可选防火、防水、防潮）等。

高强瓦楞蜂窝复合纸板是立式瓦楞纸芯紧密排列结构。瓦楞芯纸由卧式改成立式，即瓦楞纸芯纸与面纸 90°左右夹角纵横排列相互交替层叠复合结构，通过拉力控制装置和复合机构并自动调节运行速度，生产具有瓦楞蜂窝双重结构、力学性能优势相结合的复合纸板。具有高于瓦楞纸板的耐破强度、边压强度，具有高于蜂窝纸板的平压强度、侧压强度和弯曲强度。高强瓦楞蜂窝复合纸板因其质量轻、强度高、可"以纸替木"使用，主要应用于物流运输包装、军工物资包装及建筑装饰类等领域，如图 5-1、图 5-2 所示。

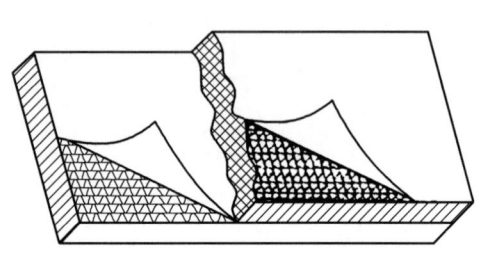

图 5-1 高强瓦楞蜂窝复合纸板结构

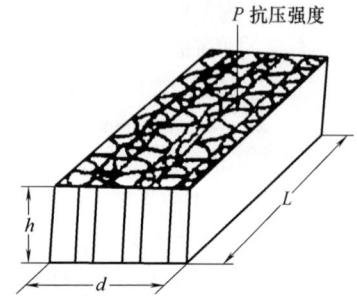

图 5-2 蜂窝状瓦楞纸板板芯结构

一、高强瓦楞蜂窝复合纸板的性能和应用

1. 产品技术关键点和主要创新点

普通瓦楞纸板其瓦楞纸芯排列为卧式，高强瓦楞蜂窝复合纸板采用立式瓦楞纸芯紧密排列结构。瓦楞纸芯通过输送辊、上胶、切割、梳理和转向轨道牵引竖条控制装置，由卧式改成立式，即瓦楞纸芯与面成 90°左右夹角结构，拼合定位，制成板芯。板芯交替层叠加工，上下面涂胶复合面纸，定长切割修边而成高强瓦楞蜂窝复合纸板，具有瓦楞蜂窝结

构特点，其承载重量、抗压、抗折、缓冲性能明显增强，降低包装材料用纸量。

改进黏合材料和烘干技术，提高产品质量，节能减排。采用聚乙烯醇黏合剂和增强剂代替传统玉米淀粉黏合剂并提高纸板强度。采用电加热同蒸气烘干相结合装置，提高瓦楞板芯同面纸的黏合强度和黏合速度，降低纸板水分含量，提高产品质量。

2. 高强瓦楞蜂窝复合纸板与其他瓦楞纸的区别和优点

高强瓦楞蜂窝复合纸是一种新型纸板，具有瓦楞纸板、蜂窝纸板双重结构组合、力学性能优势互补的夹层结构复合纸板。高强瓦楞复合纸板有不同的规格，常见的厚度有10mm、15mm、20mm、30mm等。且即使为同种厚度的纸板，因其纸板的定量与质量不同和瓦楞芯纸楞型的不同，其性能也会有所差异。纸板厚度的变化主要是根据纸芯板中纸芯的长度来决定。其耐破强度、边压强度高于瓦楞纸板，平压强度、侧压强度、弯曲强度高于蜂窝纸板。利用高强瓦楞蜂窝复合纸板制作的纸托盘具有高的力学性能指标，如表5-1所示。

表 5-1　　高强瓦楞蜂窝复合纸板与瓦楞纸纸板、蜂窝纸板性能比较

性能指标	检测依据	瓦楞蜂窝纸板 Q/WZD 01-2016		瓦楞纸板 GB/T 6544—2008	蜂窝纸板 BB/T 0016—2006	
耐破强度/kPa	GB/T 6545	≥2600		≥1900	—	
边压强度/kN/m	GB/T 6546	≥12		≥9	—	
平压强度/kPa	GB/T 1453	≥360		—	≥280	
侧压强度/kPa	GB/T 1454	横向	≥180	—	横向	169
		纵向	≥200		纵向	142
弯曲强度/MPa	GB/T 1456	横向	≥8	—	横向	3.9
		纵向	≥11		纵向	3.9

注：① 表 5-1 中，纸板厚度 20mm，水分≤14%。
② 高强瓦楞蜂窝复合纸板简称瓦楞蜂窝纸板或者复合纸板。
③ 瓦楞纸板，代号 D-1.5，双瓦楞纸板（五瓦楞纸板），厚度 4.6mm，优等品。

3. 产品应用多样化

高强瓦楞蜂窝复合纸板应用广泛，应用在以纸代木包装材料类产品，如机电产品、民用商品、军工武器包装箱、集装箱、纸托盘、纸托箱等，还应用于以纸代木装饰建筑类产品，如家具夹层板、隔音板、办公室屏风、隔栅墙、装饰板材、活动板房等。

（1）纸包装箱　蜂窝纸板主要用于制作重型产品的瓦楞纸箱。因高强力瓦楞蜂窝复合纸板具有环保、材质轻、抗压强、刚性好、耐冲击、易成型等特点，非常适合用在重型产品的纸包装运输上，且成本和重量比木箱大大降低。因纸板厚度相对较厚且夹层结构的原因，不适于折叠成型。我们可根据纸箱的承重要求以及纸板的厚度来选择合适的纸护角，采用纸护角进行两相邻面板的连接结合，两次粘连达到箱子结构的稳固。另一种成型方式是将纸板沿 45°切面，沿纸板切面处直接进行黏合，得到成型纸包装箱。

（2）纸板托盘　纸板托盘因为价格低、质量轻、运输成本低，表面平整光滑，缓冲性能优良，免熏蒸和卫生检疫，可回收再次利用符合绿色无污染趋势而得到了广泛的应用。纸质托盘属于一次性托盘，价格远远低于木质托盘，从而大大减少了运输及采购成本。

（3）纸板家具　随着全球性木材资源匮乏，木材供应日益紧缺，家具市场上原材料价

格暴涨，实木家具价格一路飞升。利用高强立瓦楞蜂窝复合纸板可制成各类纸质家具，如纸桌子、椅子、纸货架及各类纸屏风等，可用于展示和宣传推广。所制得的纸质屏风相比于木质屏风，其质量和材料成本大大降低，且大部分可以折叠或拆卸，方便运输和推广，该屏风在室内低速的载荷条件下不会发生侧翻。

4. 产品企业标准及物理机械性能检验结果

如表 5-2、表 5-3 所示。

表 5-2　　　高强瓦楞蜂窝复合纸板与瓦楞纸板技术性能指标的比较

性能指标	检测依据	计量单位	瓦楞纸板 GB/T 6544—2008		军用瓦楞纸板 GJB1110A-1999		高强瓦楞蜂窝复合纸板 Q/WZS02-2004	
			D-2.1	D-1.5	D-2.1	D-1.5	企业标准	实测结果
外观	目测	/	平整、清洁、无折皱、无破损、无起泡脱胶					
水分	GB/T 462	%	≤14	≤14	14±4	14±4	≤14	12
厚度	GB/T 6547	mm	20±1	20±1	符合	符合	20±0.5	20
耐破强度	GB/T 6545	kPa	≥600	≥1900	≥686	≥2550	≥3000	3600
边压强度	GB/T 6546	kN/m	≥2.8	≥9.0	≥6.37	≥10.78	≥14	14.4
黏合强度	GB/T 6548	N/m	≥400	≥400	≥1470	≥1470	≥588	未测
戳穿强度	GB/T 2679.7	J	—	—	≥6.9	≥13.7	—	21.3

表 5-3　　　夹层结构纸板力学性能实验数据

力学性能检测方法	纸板厚度/mm	高强瓦楞蜂窝复合纸板		蜂窝纸板	
		纵向	横向	纵向	横向
平压强度/kPa GB/T 1453—2005	10*	572.3		329.8	
	15	505.6		134.8	
	20	488.2		146.9	
	30	364.6		202.1	
侧压强度/kPa GB/T 1454—2005	10*	963.6	804.2	146.2	159.7
	15	355.4	328.1	240.7	272.6
	20	296.1	271.0	142.1	169.7
	30	256.6	212.4	82.3	111.8
弯曲强度/MPa GB/T 1456—2005	10*	17.5	14.4	6.4	6.0
	15	15.0	12.2	6.8	4.3
	20	14.7	10.2	3.9	3.9
	30	13.8	5.4	5.4	4.5
剪切强度/kPa GB/T 1456—2005	10*	145.8	119.8	49.2	46.1
	15	124.7	100.0	62.0	39.3
	20	119.9	83.2	29.4	29.3
	30	111.8	44.3	45.4	37.8
弯曲刚度 GB/T 1456—2005	10*	121	97	39.8	51.6
	15	219	155	76.4	44.2
	20	293	189	99.2	36.6
	30	333	286	147.0	80.7
戳穿强度/J GB/T 2679.7—2005	10*	16.8		3.2	
	15	17.1		6.2	
	20	21.3		7.3	
	30	/		/	

注：①蜂窝纸板厚度为12mm；②高强瓦楞蜂窝复合纸板厚度10，15，20，30mm，其单位面积重量分别为1.49，1.69，1.99，2.55kg/m^2。

二、纸板生产工艺技术路线

高强瓦楞蜂窝复合纸板托盘采用先进的工艺技术和生产设备，保证产品质量达到相关技术标准要求，满足相应的产品需求，生产工艺流程如图 5-3 所示。

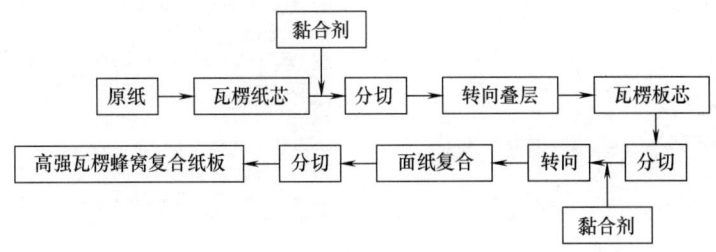

图 5-3　高强瓦楞蜂窝复合纸板生产工艺流程示意图

三、纸板生产工艺技术及设备

1. 瓦楞纸芯

上原纸经过瓦楞机加热辊加热可以让瓦楞原纸平整，减少瓦楞原纸的含水量，大大提高瓦楞纸芯的质量。再经过两个反向滚动的瓦楞辊将上原纸压出均匀的波纹成为瓦楞瓦纸，瓦楞辊内部同样经过蒸汽加热。下原纸经过张力辊和加热辊变得干燥和平整，与经过胶水辊筒的瓦楞纸进行黏合成为瓦楞板芯的芯纸。各个辊筒的加热处理不但降低了纸张的含水率，还提高了产品的质量和纸张黏合效率，如图 5-4 所示为瓦楞纸芯生产的简易原理图。

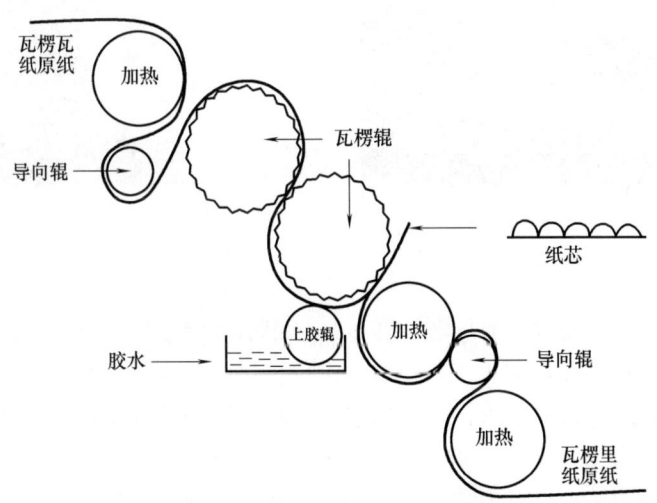

图 5-4　瓦楞纸芯生产的简易原理图

① 胶水温度正常，黏合剂正常时，纸芯均匀平整，无开胶，如图 5-5 所示。
② 胶水温度过低或黏合剂过稀时，纸芯出现不平整、开胶现象，如图 5-6 所示。

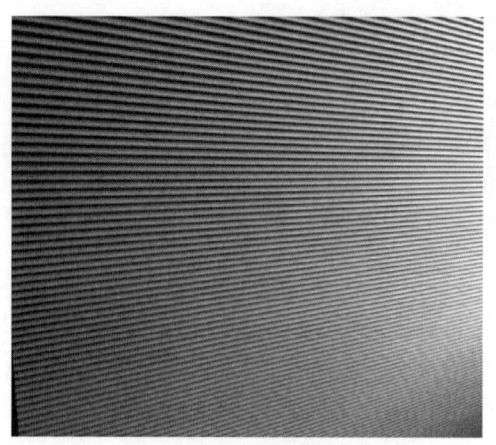
图 5-5　正常芯纸

图 5-6　开胶现象

2. 瓦楞纸芯黏合分切

瓦楞板芯芯纸经过传动辊筒与胶水辊筒，使芯纸的瓦纸面涂上胶水。之后通过滚动的刀片将芯纸裁切成 1cm、1.5cm 等不同规格板芯材料。胶水位于两个反向滚动的辊筒上面，不但方便工人加胶，而且起到匀胶水的作用。通过刀片的芯纸上涂有胶水容易使刀片之间粘有裁切时的碎屑，造成裁切不均匀、传动阻塞等问题，需要人工进行清理和检查，如图 5-7、图 5-8 所示，为生产细节。

图 5-7　纸板上胶

图 5-8　刀片裁切

3. 转向层叠

瓦楞纸芯经过切刀变成数条纸芯，通过转向牵引和定位传送，将一条条纸芯由卧式改成立式，并依次排列黏合，成为板芯材料。定位传送是将一条条纸芯经过固定于车床上均匀排列的定位棍，达到转向效果。在转向层叠过程中容易使裁切后的纸芯出现断裂和传动不均匀现象，需要进行人工梳理调整和连接断裂。胶水容易在定位棍之间造成堵塞和粘连，需要工人用小钩子进行清理和加机油进行润滑。在裁切后的数条纸芯中，位于最两边的纸芯作为废料去除，在裁切生产中可能出现芯纸移位、瓦纸边缘出现破裂、瓦纸与面纸粘连移位等种种状况。如边沿的纸芯规格未达标或者纸芯质量不过关等，视为废料处理，如图 5-9、图 5-10 所示。

图 5-9 转向层叠

图 5-10 定位棍

4. 烘箱加热

经过转向交替层叠交替粘连形成的板芯，经过采用电加热同蒸气烘干结合的烘箱装置提高瓦楞板芯同面纸的黏合强度和黏合速度，降低纸板水分含量，提高产品质量。电加热烘箱如图 5-11 所示。

图 5-11 烘箱加热

5. 瓦楞板芯的分切黏合

经过烘箱加热的板芯机械定位，用裁刀裁切出相同长度的瓦楞板芯。板芯经过传动带传动，经过拐弯口改变轨迹，依次排列黏合等待面纸复合。在板芯经过拐弯口时两端的传动方向不同可能造成走纸不流畅的现象，需要人工辅助调整，使传板流畅，如图 5-12、图 5-13 所示。

6. 面纸复合

转向的板芯层层平铺经传动带向前传动，面纸复合是上下两个各自独立的加热压力系统。板芯先经过上胶系统，给板芯的上下面都涂上胶水。来到面纸复合系统，上下面纸复合系统同时进行给板芯附上面纸。四个上下加热重力辊工作，加快复合板胶水干燥速度，重力作用让面纸牢牢粘在板芯上，如图 5-14 所示。

7. 成板分切

机械定位测算传送距离，根据客户要求裁切成板尺寸，如图 5-15。裁刀裁切后的成板人工搬运，整齐平放，防止因为堆放不当造成板面弯曲形成开裂断板等现象。

图 5-12 裁刀裁切

图 5-13 人工辅助传动

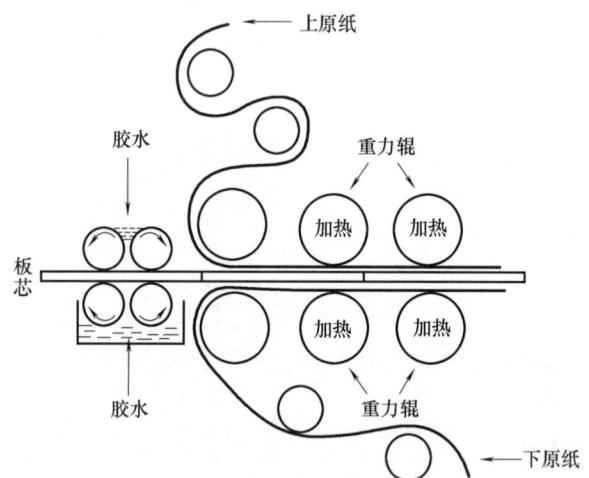
图 5-14 面纸复合示意原理

图 5-15 规格分切成板

8. 成品检验

做好的高强瓦楞蜂窝复合纸板要经过检查人员的检查，一般分为看、捏、抖 3 个步骤：

① 先是看，做好的高强瓦楞蜂窝复合纸板板面有没有凸起或者是凹陷，好的高强瓦楞蜂窝复合纸板板面光滑平整。

② 再是拿捏，做好的高强瓦楞蜂窝复合纸板有没有空隙和检验纸板的硬度，好的高强瓦楞蜂窝复合纸板是没有空隙且具有很高的硬度。

③ 再是抖，检查员双手托起做好的高强瓦楞蜂窝复合纸板抖，看看有没有皱纹。好的高强瓦楞蜂窝复合纸板是无皱纹的。皱纹产生的原因是温度不够或是黏合剂过大或过小。

产品质量按 Q/WZD 01—2016《高强瓦楞蜂窝纸板托盘》企业标准执行。

四、结语

高强瓦楞蜂窝复合纸板采用机械化、标准化生产。高强瓦楞蜂窝复合纸板是具有瓦楞纸板、蜂窝纸板双重结构组合，力学性能优势互补的夹层结构复合纸板，其耐破强度、边压强度高于瓦楞纸板，平压强度、侧压强度、弯曲强度高于蜂窝纸板。利用高强瓦楞蜂窝复合纸板制作产品质量好耐用，具有高的抗弯曲度、抗压强度、抗冲击强度和成本低、重量轻、绿色环保、可回收利用等优点，生产工艺先进实用，用于进出口运输领域，市场前景广阔，经济效益和社会效益显著。

第二节　基于性价比模型的高强瓦楞复合板瓦楞类型选用和评价

新型高强瓦楞复合纸板也称为立瓦楞复合纸板，是传统型瓦楞纸板创新的衍生产品，其以传统的两层单面瓦楞为基本构成单元，将单面瓦楞机生产加工的单面瓦楞根据所需宽度在线分切，翻转 90 度后立式涂胶复合，形成最终的立瓦楞复合纸板。该类纸板具有传统瓦楞纸板不具有的超强平面抗压强度和抗弯等物理机械性能，其功能类似于蜂窝纸板。同时该类型纸板具有重量轻、可回收循环利用、绿色环保等优点，是理想的绿色包装材料，因此常用于生产加工托盘、重型包装箱及纸质家具等。

一、新型高强瓦楞复合纸板结构和生产工艺认识

1. 结构认识

高强瓦楞复合纸板兼具普通瓦楞纸板和蜂窝纸板的特点，材质轻、抗压与承重强度好等，但在结构上却不同于这两种纸板，其结构如图 5-16 所示。高强度复合纸板主要由两部分构成，一是上下两层箱纸板，二是多排并列的瓦楞纸芯。新型高强瓦楞复合纸板较多的作为托盘和复合板材使用，因此更多的选用克重高、强度大的牛皮纸作为纸板的上下面，复合后可以获得平整的承压面。选用的箱纸板克重一般都在 $200g/m^2$ 以上，部分甚至达 $400g/m^2$。其次是多排并列的瓦楞纸芯，该部分以普通两层的单面瓦楞为基本构成单元，根据预定高强复合纸板厚度进行在线分切、90 度翻转、立式涂胶复合等，最后形成高强度的瓦楞复合纸板，其结构如图 5-17 所示。

图 5-16　新型高强瓦楞复合纸板结构

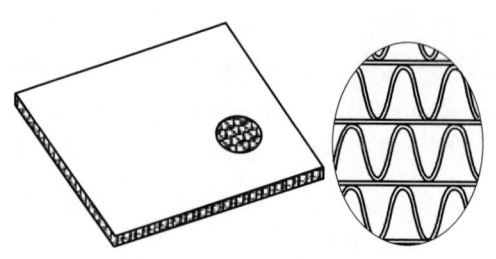

图 5-17　新型高强瓦楞纸板结构

2. 生产工艺

新型高强瓦楞复合纸板是利用传统瓦楞纸板生产加工的单面瓦楞机生产的两层单面瓦楞作为裁切和复合的基本单元，经过在线定宽分切，常见宽度有 5～20mm。纸板类型选用和传统型瓦楞纸板楞型完全一致，主要有 A、C、B、E 四种。

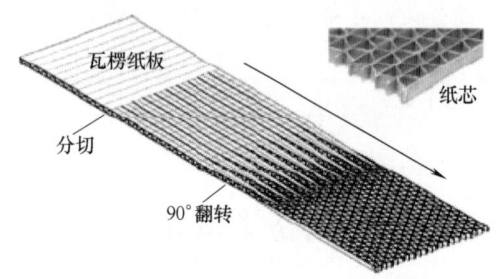

图 5-18　高强瓦楞复合板制造原理图

高强复合纸板的生产工艺一般包括：单面瓦楞纸板生产，在线定宽分切、90°翻转涂胶、立式复合干燥等工序，最后在加工好的立式瓦楞纸芯上下表面粘贴箱纸板形成复合纸板。其由单面瓦楞实现立式瓦楞纸板的原理过程如图 5-18 所示。具体生产工艺流程如图 5-19 所示。

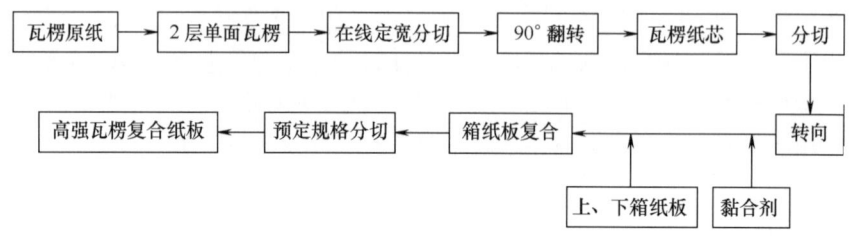

图 5-19　高强瓦楞复合纸板生产工艺图

二、瓦楞类型对纸板生产成本影响

1. 国内常用瓦楞类型及相关技术参数

国家标准 GB/T 6544—2008 瓦楞纸板规定了 A、C、B、E、F 五种类型的瓦楞及相应的技术参数，其中前四种在国内较为常用，具体如表 5-4 所示。

2. 瓦楞类型对纸板生产成本影响

纸板生产成本一般包括纸板的原纸、黏合剂及生产加工费用等，这里为了简化讨论，暂讨论原纸成本的影响。

表 5-4　　　　　　　　　　国内四种常用瓦楞基本技术参数

楞型	楞高 h/mm	楞数/(个/30cm)	楞宽 T/mm	常用压楞系数(γ)
A	4.5～5.0	34±3	8.0～9.5	1.53
C	3.5～4.0	41±3	6.8～7.9	1.46
B	2.5～3.0	50±4	5.5～6.5	1.37
E	1.1～2.0	93±6	3.0～3.5	1.15

（1）原纸生产成本计算公式认识　　选用不同类型的瓦楞生产加工单面瓦楞，其瓦楞高度差异较大，消耗的原纸也不相同。为了方便统计计算此类纸板原纸用料成本，在推导计算公式时，我们以长宽各 1m 的复合纸板为例，计算其平方原纸成本，该成本应该是面纸、里纸和瓦楞芯纸及夹芯纸四部分的价格总和。一般在生产加工过程中，瓦楞芯纸和夹芯纸均选用相同材质的高强度瓦楞纸，因此该类纸板的平方价可以表达为公式（5-1）。

$$P=(1+\gamma)P_3/100D+P_1+P_2 \tag{5-1}$$

式中：P——新型高强瓦楞复合板的原纸成本

P_1——面纸成本

P_2——里纸成本

P_3——瓦楞纸成本和夹芯纸成本

D——单面瓦楞高度，包括瓦楞高度和纸张的厚度，计算过程中可以统一取上限或者下限

γ——不同类型瓦楞的压楞系数。

（2）案例计算　　常见的高强瓦楞复合纸板面纸、里纸为 $200g/m^2$ 牛皮纸，参考价格为 3500 元/t，夹芯纸和瓦楞纸均使用 $110g/m^2$ 高强度瓦楞纸，单价为 2500 元/t，下面结合表（5-4）和公式（5-1），可以计算出不同瓦楞高强度复合纸板的原纸成本，结果见表5-5 所示。

表 5-5　　　　　　　　　　不同类型的复合纸板原纸成本

楞型	楞高 h/mm（统一选上限）	压楞系数(γ)（统一选常用参数）	原纸成本/元
A	5.0	1.53	(1+1.53)×0.275/0.5+0.7+0.7=2.79
C	4.0	1.46	(1+1.46)×0.275/0.4+0.7+0.7=3.09
B	3.0	1.37	(1+1.37)×0.275/0.3+0.7+0.7=3.57
E	2.0	1.15	(1+1.15)×0.275/0.2+0.7+0.7=4.36

三、瓦楞类型对纸板平面抗压强度影响

1. 平面抗压强度测试

高强瓦楞复合板因其特殊的结构被广泛用于制作托盘等产品，因此在其所有性能指标中，尤以平面抗压强度最为重要。因此这里重点分析相同原材料生产加工的不同瓦楞类型的纸板的平面抗压强度。

实验：

实验器材：四种楞型的高强瓦楞复合板试验、PN-CT50KA 抗压试验仪、取样器等。

实验环境：标准环境，温度为 23℃±2℃，相对湿度 45%～55%。

测试过程及数据：选用四种不同类型的单面瓦楞纸板，制成 10mm 厚的高强度复合瓦楞纸板，分别从试样中随机选用五只作为测试样品，在标准环境中处理 24 小时后测量平面抗压强度，如表 5-6。

表 5-6　　四种类型瓦楞平面抗压强度

楞型	纸板厚度/cm	纸板平面抗压强度/平均抗压强度/kPa	
A	1.0	572、566、578、590、555	572.2
C	1.0	595、599、614、622、631	612.3
B	1.0	687、669、642、655、666	663.8
E	1.0	744、736、751、737、723	738.1

2. 性价比评价

(1) 性价比模型的引入　　价值工程把"价值"定义为"对象所具有的功能与获得该功能的全部费用之比"：

$$v = f/c \tag{5-2}$$

式中：v 为价值；f 为功能；c 为成本。

这里高强瓦楞复合板性价比与价值工程中的"价值"含义相似，本质一致，因此可以认为高强瓦楞复合板的性价比表示为：

$$V = P/C \tag{5-3}$$

式中：V 为高强瓦楞复合板性价比（N/元）；P 为高强瓦楞复合板平面抗压强度；C 每平方米该类型纸板的原纸生产成本（元）。

(2) 性价比计算　　结合表 5-5 和表 5-6 数据，利用公式（5-3）可以计算出高强瓦楞复合板性价比 V，见表 5-7。

表 5-7　　成本比、平面抗压强度比及不同类型瓦楞平面抗压和原纸成本性价比

楞型	成本比	平面抗压强度比	不同类型瓦楞平面抗压和原纸成本性价比
A	A/A=1	A/A=1	1
C	C/A=1.11	C/A=1.07	0.96
B	B/A=1.28	B/A=1.16	0.91
E	E/A=1.56	E/A=1.29	0.83

将表 5-7 中的数据转换成对应的图表，如图 5-20。

3. 实验结果分析

根据表 5-6 和图 5-20 数据和对应的曲线，可以清楚地看到，常用的四种瓦楞类型，随着瓦楞大小的变化，其对应的平面抗压强度和原纸性价比也发生着较大的差异。实验对比中以 A 型瓦楞为基本参照标准，C、B、E 瓦楞的原纸成本比分别为 1.11、1.28、1.56，平面抗压强度比分别为 1.07、1.16、1.29，不同类型瓦楞平面抗压和原纸成本性价比 0.96、0.91、0.83。

通过数据对比可知：生产加工此种高强瓦楞复合板时，A型瓦楞的性价比最高，E瓦楞的性价比最低。因此企业在生产加工此类高强瓦楞复合板时，如果客户没有明确的指定瓦楞类型，生产企业应该选择A型大瓦楞，这样可以实现最高的性价比。如果选择合适，对于规模型企业每年可以节约数十万成本。

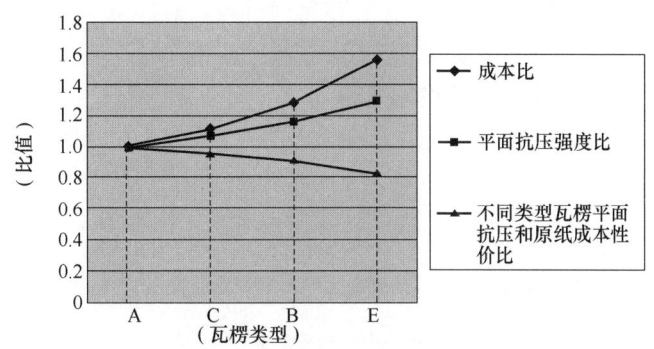

图 5-20　成本比、平面抗压强度比及不同类型瓦楞平面抗压和原纸成本性价比图

4. 强度补偿设计

通过上述实验可以知道生产加工高强度复合瓦楞纸板时，A型瓦楞的成本与平面抗压的性价比最高，但是如果客户在购买此类纸板时，明确提出了纸板的平面抗压强度或其他的物理机械性能指标时，这个时候必须结合实验数据的具体情况进行调整和工艺改进。实验中的A型纸板的平面抗压强度是最低的，如何有效实现A型纸板与其他类型纸板具有相同的抗压强度，这就需要在纸张配料时进行强度补偿设计。企业可以根据生产过程中的不同用料进行设计实验，得出可行性的资料，以便建立数据库参考。

事实上，除了通过纸张强度补偿设计来改善纸板的平面抗压等物理机械性能外，还可以通过部分生产工艺实现。比如浙江省某包装企业曾研发一种细料填充瓦楞空隙的强度增强工艺等。作为生产企业在不侵犯相关知识产权的基础上，改进填充模式、填充材料，均可提高该类型纸板的平面抗压强度。

四、结语

新型高强度瓦楞复合纸板具有超强的平面抗压强度，广泛用于各类托盘和衬板等。在生产加工复合纸板的过程中，通过实验对比发现，瓦楞类型对复合纸板的平面抗压强度和纸板生产加工的原纸成本有着较大的影响，通过实验数据对比和分析可知：选用相同的原纸生产加工高强度复合纸板时，随着瓦楞的大小变化，瓦楞平面抗压和原纸成本性价比不同，选用A型性价比最高，CB次之、E性价比最低。

第三节　高强复合瓦楞纸托盘的生产工艺

一、纸托盘简介

1. 纸托盘定义

纸托盘（Pallet）是用于集装、堆放、搬运和运输的放置作为单元负荷的货物和制品的水平平台装置。纸托盘相比较金属托盘、塑料托盘有三大特性，其一强度高、重量亲，可"完全替木"使用；其二环保型材料，对环境无任何不利影响，出口包装免熏蒸，免消毒；其三应用范围广，综合成本低，使用便捷、高效。

2. 纸托盘的结构

纸托盘是由托盘面板、纸护角以及托盘脚组成的，如图 5-21 所示。

图 5-21　纸托盘

（1）托盘面板　每个托盘包含一片托盘面板，其功能是将托盘脚连接在面板上使其按规定的位置排列，并且起到组合托盘上货物的作用。

（2）纸护角　由牛皮纸反复粘贴后，经护角机压制而成，目前市场上常见的有 L 型和 U 型两种。护角的使用可加强包装物边缘支撑力，并提高其产品的整体包装强度，可以 100% 回收再利用，属于绿色环保包装材料。

（3）托盘脚　多个托盘脚主要起到支撑托盘上货物重量及方便叉车进叉的功能，托盘脚应当被牢牢地粘在面板上。

3. 纸托盘的种类

（1）纸托盘根据材料分类，常见的有蜂窝纸托盘和高强复合瓦楞纸托盘。

① 蜂窝纸托盘。它是把瓦楞原纸依据蜂巢结构粘接，形成一个整体，并在其芯纸两侧黏合面纸形成，如图 5-22 所示。

② 高强复合瓦楞纸托盘。特点纸质环保产品，强度高，规格可随要求定制；免熏蒸，免消毒，免商检通关；最大动载重高达3.5t，如图 5-21 所示。

（2）纸托盘按结构分可分为九脚型纸托盘、川字型纸托盘、田字型纸托盘。

九脚型纸托盘如图 5-23 所示，面板反面有九脚分布。

川字型纸托盘如图 5-24 所示，川字型纸托盘的面板背面有均匀分布三条支撑条块，易于叉车的进出，广泛使用于空运及货架。

图 5-22　蜂窝纸板

田字型纸托盘，托盘面板反面托盘脚分布类似田字。如图 5-25 所示。

纸托盘按包边分，可分为纸包边纸托盘和纸护角纸托盘，分别如图 5-26、图 5-27 所示。

4. 纸托盘与木托盘对比分析

纸托盘是全纸质的产品，其优点是：在原材料使用上纸托盘比木托盘更节约；在重量上纸托盘比木托盘轻；在价格上纸托盘要比木托盘低 20% 以上；在出口上纸托盘免熏蒸。纸托盘缺点：在运输过程中，纸托盘遇到雨水会软掉，不防水；纸托盘不够结实，静态和

图 5-23　九脚型纸托盘

图 5-24　川字型纸托盘

图 5-25　田字型纸托盘

图 5-26　纸包边纸托盘

动态的承重能力大，要注意许多问题以避免受力不均或者是局部受力。

木托盘是以木质为原材料生产的，相比较纸托盘，木托盘可以在露天运输，不受雨水的影响；木托盘更加结实，不会出现受力不均的问题。

通过比较纸托盘与木托盘，发现纸托盘在价格上更实惠，免熏蒸适合外贸出口的运输，纸产品质量轻相比较木托盘在空运中更占优势，而木托盘结实更适合内贸运输。

图 5-27　纸护角纸托盘

二、高强复合瓦楞纸托盘生产工艺

1. 纸托盘尺寸确定

在设计纸托盘的过程中，最先要做的就是确定纸托盘的尺寸，只有确定了尺寸才能对纸托盘内容进行编排。首先要知道纸托盘有哪些尺寸，常规有 1200mm×1000mm、

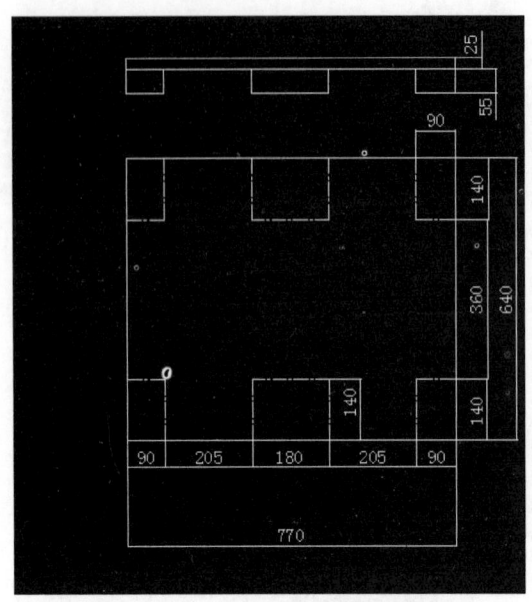

1200mm×800mm等规格。而一般纸托盘的尺寸,都会根据纸托盘承重为1000kg及叉车进叉方向来制定,而这次要制作的纸托盘,是根据宜家纸托盘技术规范的要求进行设计的。因为纸托盘是由一片托盘面板及多个托盘脚组成的,所以主体面板尺寸为770mm×640mm×25mm,托盘脚尺寸为140mm×90mm×55mm、180mm×140mm×55mm,确定好尺寸并用AutoCAD工具画出设计图,如图5-28所示。

2. 纸托盘生产过程

以垫块式纸托盘为例,其生产工艺流程如图5-29所示。纸托盘的生产主要由三部分组成,托盘面板制作、托盘垫块制作和托盘组装。

图5-28 纸托盘CAD设计图

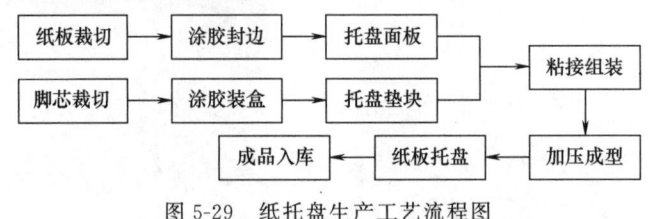

图5-29 纸托盘生产工艺流程图

面板的制作是由高强度瓦楞复合纸板经过切割完成的,如图5-30所示。

图5-30 纸板切割设备

面板制作工艺流程如下:原纸经过原纸支架→上胶机→瓦楞机→烘干机→定宽分切→上胶机楞峰涂胶→分条台→控制台→烘干机→切割机→输送机→上胶机→平压烘干机→分切机→输送平台→堆码机。

这样生产出来的面板为10mm厚度,幅面为2400mm×1800mm的面板;同样再次生产出15mm厚度,幅面为2400mm×1800mm的面板。通过在面板上涂胶并将10mm和

15mm 的面板拼合成 25mm 的面板。最后，成型的高强度复合瓦楞纸板再经过切割机切割成 770mm×640mm 尺寸的面板。

托盘脚的制作分为两类：纸盒包托盘脚和纸包托盘脚，分别如图 5-31 和图 5-32 所示。

图 5-31　纸盒包托盘脚

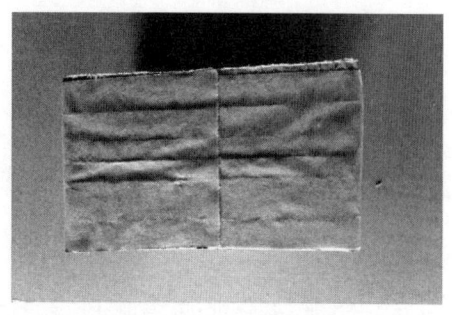

图 5-32　纸包托盘脚

（1）纸盒包托盘脚　用两个 2cm 和一个 1cm 厚度的高强度复合瓦楞纸板涂胶黏合，形成一个 5.0cm 厚度的面板。再用切割机分别切割成 140mm×90mm×55mm，180mm×140mm×55mm 的面板，通过脚墩挤出机将纸盒和内芯很好的黏合在一起，如图 5-33 所示。

（2）纸包托盘脚实施过程

① 手工包边。首先将与纸托盘面板长度匹配的包边纸涂胶；然后手工将其放在托盘面板侧面；最后分次沿托盘面板边将包边纸抹平。

图 5-33　托盘脚墩挤出机

② 包边机包边。第一步，上纸。将包边用的纸放在包边纸装置上，然后将未包边纸板放置于纸板储料架上。

第二步，原纸放卷涂胶，具体过程如下：a. 通过包边纸放卷装置放卷把包边纸送入热熔胶辊；b. 通过热熔胶辊将热熔后的胶液均匀涂布于包边纸的内侧面。

第三步，导入、压合、压平，具体操作如下：a. 包边纸导入到 O 型槽中；b. 同时，待包边高强复合纸板出夹持机构夹起，与包边条同步导入到 O 型槽中；c. 包边条内侧面与待复合纸板侧面在 O 型槽中压合；d. 通过复合压辊组件，包边条进一步压平在纸板的上下表面。

第四步，二次包边。把完成一次包边的复合纸板旋转 90 度再次堆放在待包边物料架上完成二次包边；两小时后，将六个托盘脚底端涂上胶水并按照设计好的尺寸一一黏合在面板上。将托盘翻个面并压上重物，第二天完整的纸托盘就成型了，如图 5-34 所示。

图 5-34　纸托盘最终效果图

三、纸托盘存储及运输过程注意事项

纸托盘存储及运输过程需注意以下几点：

（1）在纸托盘刚生产出来时，受环境和胶水的影响，纸托盘的湿度比较大，这样会导致纸托盘软化，对纸托盘强度和承受力方面有一定的影响，所以通常我们会把产品放恒温恒湿室里抽湿 24 小时，这样产品的物理性能会有很大的提高。

（2）纸托盘在运输过程中要注意防水问题，在运输前一般会在产品及纸托盘表面上包一层塑料薄膜以起到防潮、防水的作用。

（3）纸托盘在运输过程中要注意货物底面积要与托盘面面积相同，这样可避免因受力不均匀、局部受力或者重心偏差而导致托盘受损。

第四节　废次瓦楞纸板加工纸托盘支撑脚实现方案

一、废次瓦楞纸板、瓦楞纸箱二次利用意义重大

1. 行业背景

随着包装材质和机械行业的发展，如今 90% 的包装箱使用的都是瓦楞纸箱。我国长三角地区，是最近十年我国瓦楞纸箱行业发展最为迅速的地区。据中国造纸协会调查资料，2018 年全国纸及纸板生产企业约 2700 家，全国纸及纸板生产量 10435 万 t，较上年增长 -6.24%。消费量 10439 万 t，较上年增长 -4.20%，人均年消费量为 75kg（13.95 亿人）。2009～2018 年，纸及纸板生产量年均增长率 2.12%，消费量年均增长率 2.22%。

以温州地区为例，截至 2016 年，温州共有三、五、七层瓦楞纸板生产线共 76 条，一条瓦楞纸板生产线的日平均产量 24 万 m^2（按照最高产量的 60% 计算），即温州地区的瓦楞纸板生产企业每天生产加工的纸板产量为 1824 万 m^2。

2. 存在的问题

目前国内有上千条瓦楞纸板生产线，每年生产的废次纸板和使用后的废旧瓦楞纸箱至少在数亿平方米以上，数量惊人。但是废旧瓦楞纸箱、废次瓦楞纸板主要通过废品回收制

浆造纸为主，很少二次开发利用，造成了资源极大的浪费和环境污染。

3. 废次瓦楞纸板二次回收重复利用开发的意义重大

项目组通过产品设计、工艺创新和设备研发等，将废次的瓦楞纸箱、瓦楞纸板回收二次利用，重新加工成高强度的立瓦楞纸板，用于大型包装容器、纸托盘等重型包装方面，一方面可以创造出较为可观的经济效益；另一方面变废为宝，以纸代木，发展绿色循环包装，具有非常积极的社会效益。

二、国内外研究现状和发展趋势

1. 国内外废次纸板、纸箱利用现状

目前市场上利用牛皮纸和瓦楞纸生产加工的包装纸板主要分为：常规型的三、五、七层瓦楞纸板、蜂窝纸板及立瓦楞纸板等。这些纸板全部使用卷筒原纸一次性生产加工成所需要的纸板，纸板、纸箱经过一次性包装使用后几乎没有二次回收利用，全部通过废次品市场回收到造纸厂，打浆抄纸。纸板从包装企业加工成商品，每平方米一般在 2~10 元（取决于材质、克重、厚度等），一次性使用完后，卖给废纸回收站，只有 5%~10% 的价值，造成了资源极大的浪费。其次废纸在回收造纸的过程中，需要使用大量的化学试剂和水资源，且污染严重。

2. 国内外立瓦楞研发生产现状

国内第一条立瓦楞纸板生产线由温州的一家公司设计与开发，该公司于 2005 年申报了国家火炬计划，并成功研发了产品和配套的加工设备，取得了立瓦楞纸板加工工艺和设备的相关专利 10 余项，编写了国内第一份企业标准《立式瓦楞复合纸板》（Q/WZD 01—2015）、《高强瓦楞蜂窝复合纸板托盘》（Q/WZD 01—2016）。2015 年，该公司生产的高强瓦楞蜂窝复合纸板被评为浙江省优秀工业产品。

立瓦楞纸板与其他类型的纸板相比较，具有更好的平面抗压强度、堆码强度等物理机械性能。根据目前测量数据显示，同材质的 10mm 的立瓦楞纸板与普通七层瓦楞纸板（BAC 楞形，高度 10mm）相比较，前者具有 3~5 倍的平面抗压和堆码强度，因此立瓦楞纸板更加适合大型、重型的纸包装、纸托盘等。

3. 国内其他重型纸板的生产加工现状

蜂窝纸板也是一种高抗压强度的纸板，常用的孔径有四孔和六孔两种，目前生产工艺也相对较为成熟。价格略比市场上销售的立瓦楞便宜 30% 左右，但纸板的抗压强度和堆码强度均逊于高强度立瓦楞纸板。以市场上常用的 10mm 厚度蜂窝纸板为例，面纸、里纸、瓦楞纸克重分别为 $200g/m^2$、$200g/m^2$、$100g/m^2$，纸张为常用等级，四孔，纸板平面抗压强度达到 329kPa，而立瓦楞纸板可以达到 570kPa。

4. 包装行业的发展趋势

（1）"以纸代木"是包装行业发展的重要趋势。为了节约资源和减少对树木的砍伐，包装行业积极推进"以纸代木"战略性的发展政策。因此纸包装的广泛使用和大量使用是产业的发展趋势。

（2）循环利用资源也是行业发展一个重要方面。包装行业是一个相对污染比较严重的行业，如果使用绿色包装材料，循环使用包装材料，甚至做到废次品多次循环合理使用，更是低碳、绿色包装的一个重要评价指标。

三、废次瓦楞纸板、瓦楞纸箱二次利用的方案研究

目前物流用的瓦楞纸板、瓦楞纸箱,大部分是经过印刷的纸包装容器,在运输流通使用后,很少二次使用,往往作为废纸回收,二次造纸。事实上该类纸箱还具有一定的使用价值,虽然纸箱印刷有图文,甚至部分纸箱有一定的损坏。项目组通过对废次瓦楞纸箱的筛选、分切等一系列的工艺设计,能够实现废次纸板、纸箱二次加工利用,进一步发挥废次纸箱的剩余价值。

1. 新产品的结构设计

项目研发团队在经过对现有废次瓦楞纸板、瓦楞纸箱等物理结构和材料等方面进行了深入的研究后,开发了一种新产品,能够实现废次瓦楞纸板、瓦楞纸箱等二次回收开发立瓦楞纸板。该产品已经成功申报了国家实用新型专利,同时针对废次瓦楞纸板、瓦楞纸箱生产加工立瓦楞纸板的工艺和核心设备进行了开发,并成功申报了多项技术专利。

(1) 单向立瓦楞纸板　单向立瓦楞纸板就是将常规的废次瓦楞纸箱分解成单块的瓦楞纸板,再通过定宽、定长分切后,分解成一定宽度和长度的瓦楞纸板,再将这些相同宽度的批量瓦楞纸板通过黏合剂复合形成一定厚度的瓦楞纸板,再通过项目组研发的定宽分切机或分切锯床等设备分切成宽度1cm～1.5cm厚的纸板条,翻转复合上下面纸,制成单方向立瓦楞纸板,其结构如图5-35所示。目前该产品已经成功申报国家实用新型专利,专利号:201720174659.8,证书如图5-36所示。

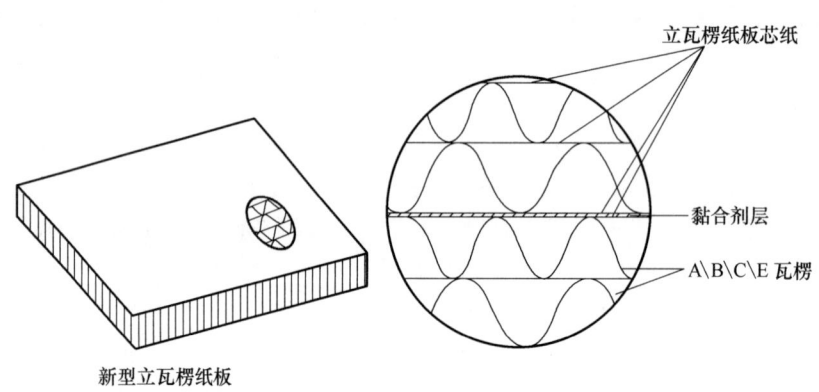

图5-35　单方向立瓦楞纸板

(2) 双向立瓦楞纸板　常规双向立瓦楞纸板就是将常规的废次瓦楞纸箱,分解成单块的瓦楞纸板,再通过相反方向进行定宽、定长分切后,分解成一定宽度和长度的瓦楞纸板,再将这些相同宽度的批量瓦楞纸板通过黏合剂复合形成一定厚度的瓦楞纸板,再通过项目组研发的定宽分切机或分切锯床等设备分切成宽度1cm～1.5cm厚的纸板条,翻转上下复合面纸,制成立瓦楞纸板。其结构如图5-37所示。目前该产品已经成功申报国家实用新型专利:一种高强度瓦楞纸板-201721808274.9,证书如图5-38所示。

2. 生产新工艺开发

项目组为了能够将新开发的立瓦楞纸板更好地产业化,在试验过程中开发了生产工

第五章 | 立瓦楞纸板认识及废次纸板加工立瓦楞纸板　111

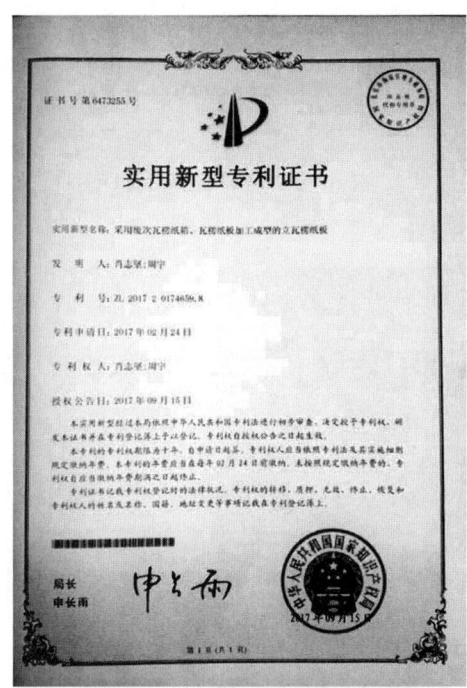

图 5-36　采用废次瓦楞纸箱、瓦楞纸板加工成型的立瓦楞纸板

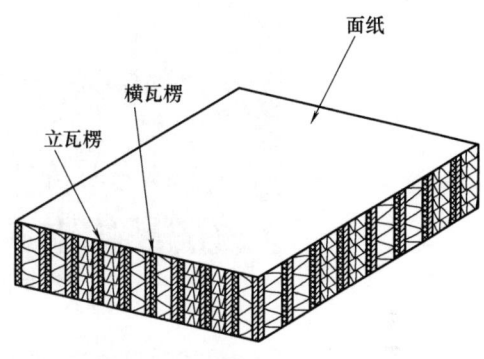

图 5-37　双向立瓦楞纸板

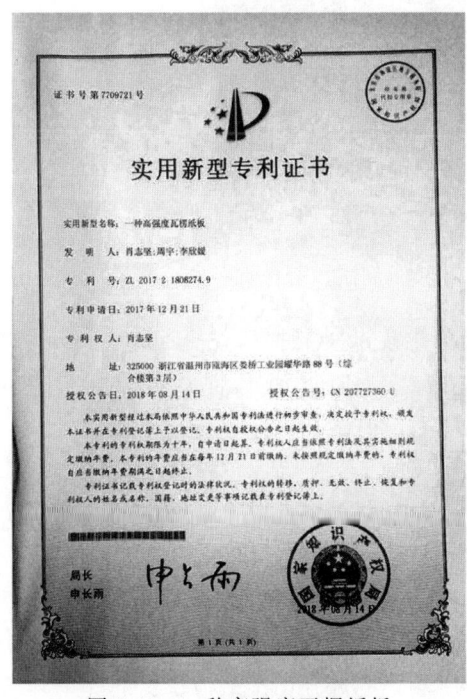

图 5-38　一种高强度瓦楞纸板

图 5-39　废纸箱改制成托盘垫脚的制成方法

艺，并申报了发明专利，受理通知书如图 5-39。其主要过程包括：废次瓦楞纸板分类筛选、纸板定宽分切、纸箱定长分切去除订口、表面针刺、涂胶复合、干燥、超细定宽分切

排列、上下幅面等相关工艺过程。

该工艺是将废次瓦楞纸板加工成完全立瓦楞纸板，制板后网状芯全部是垂直向上排列。在分切的过程中可以充分考虑托盘支撑脚的高度一次性分切到位，最后直接加工成一定高度的支撑脚，如图 5-40。而如果采用好的原纸加工的立瓦楞纸板，则需要将纸板按照一定规格分切后，再涂胶复合成一定高度的纸板，如图 5-41。前者和后者相比较，节约了新纸板平层的多层纸张。

图 5-40 废纸箱改制成托盘垫脚的制成方法

图 5-41 废纸箱改制成托盘垫脚的制成方法

图 5-42 为包封面后的支撑脚。通过模切成型的牛皮纸将支撑脚包裹起来。从外表看与原纸加工的支撑脚毫无区别。但是性价比更高。

3. 关键分切设备的研发

根据工艺设计流程和产品实现的路径开发配套的设备。在废次瓦楞纸板、瓦楞纸箱二次加工立瓦楞纸板的全部工艺过程中，定宽分切是最为重要的一个环节，直接决定了生产出的立瓦楞纸板的厚度和质量。因此研发定宽分切装置是整个产品实现的关键

图 5-42 废纸箱改制成托盘垫脚的制成方法

环节。

定宽分切瓦楞纸板生产条是整个加工工艺的核心环节，定宽分切的宽度和高度主要规格主要根据托盘支撑脚的规格而定。项目组围绕着废纸板加工立瓦楞纸板开发了两种定宽分切设备，一种是分切较薄瓦楞和纸板的定宽分切机，并成功申报了发明专利，专利号：201611057800.2，证书如图5-43。另外还发明了定宽分切多层厚纸板的分切设备，考虑到常规刀具很难分切厚纸板，而采用了薄锯片替代，同时采用了真空吸尘装置，有效控制分切过程中产生的纸屑和粉尘。该设备成功申请了实用新型专利，一种除尘定宽分切设备，专利号：201721827496.5，证书如图5-44。当然在实际生产的时候部分技术问题还有待提高和完善。

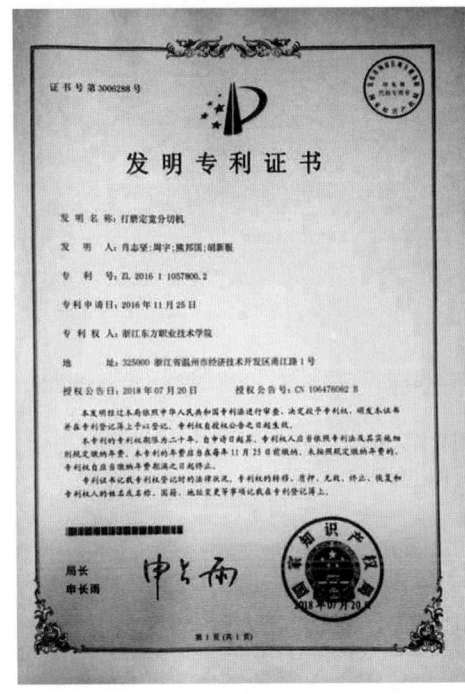

图 5-43　打磨定宽分切机

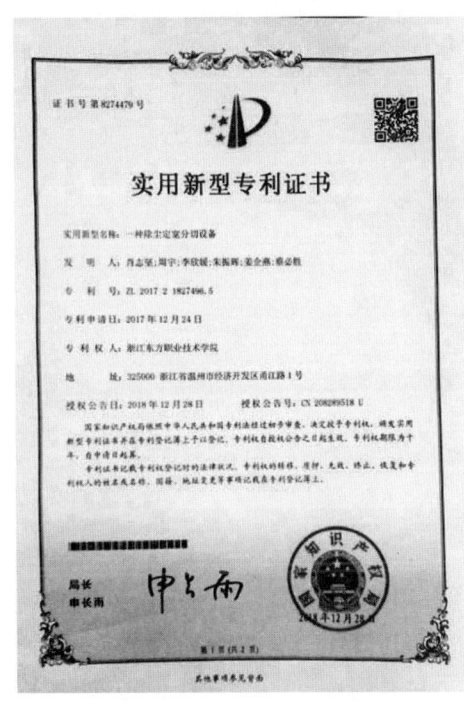

图 5-44　一种除尘定宽分切设备

参 考 文 献

[1] 王志星，陈希荣. 我国瓦楞纸箱行业的现状和发展 [J]. 印刷技术，2008，(24)：36-39.

[2] 陈静，张耀荔，孙健. 商品包装用瓦楞纸箱的减量化设计原则概述 [J]. 物流技术，2010，11（4）128-130.

[3] 杨瑞丰. 瓦楞纸箱生产实用技术 [M]. 北京：化学工业出版社，2006.

[4] 肖志坚. 瓦楞纸板压楞系数选设对纸板生产成本的影响 [J]. 包装工程，2011，32（11）26-29.

[5] 瓦楞纸板国家标准 GB/T 6544—2008.

[6] 唐少炎，魏星，吴若梅，曹小龙. 瓦楞纸箱配纸方法的研究 [J]. 包装工程，2011，32（9）：27-29.

[7] 宋海燕，黄利强，孙诚. 新型包装材料"瓦中瓦"缓冲特性研究 [J]. 包装工程，2009，30（2）：17-19.

[8] 吕新广，张元标，郭新华，王雷，吕广庆. 4层复合瓦楞纸板制造工艺的探讨 [J]. 包装工程，2007，27（11）：69-70.

[9] 张书彬，冯学正. 瓦楞纸箱抗压强度的试验研究 [J]. 包装工程，2008，29（9）：27-29.

[10] XIAO Zhijian. Study of the Adjustment to the Pressure of Flexible Printing on the Board [J]. Advanced Materials Research，2011.

[11] 孙诚. 纸包装结构设计 [M]. 北京：中国轻工业出版社，2010.

[12] 滑广军，赵德坚，魏专. 大长宽比对纸箱抗压能力影响的研究与分析 [J]. 包装工程，2011，31（21）：45-47.

[13] 廖敏，戴跃洪. 瓦楞纸箱结构设计及其优化方法 [J]. 包装工程，2006，27（4）：153-156.

[14] 范小平，张钦发，罗冠群. 纸板后成型工艺对瓦楞纸箱质量的影响 [J]. 包装工程，2007，28（12）：98-103.

[15] 黄胜文. 格力空调包装设计在低碳环保时代中发展 [J]. 中国包装工业，2010，（11）：19-20.

第六章　纸作品创意与设计

第一节　纸质家具创意与设计

案例一、纸质椅子设计与制作

1. 椅子的作用

椅子最主要的作用是坐。凳，最早并不是我们今天坐的凳子，它是专指蹬具，相当于脚踏。它作为坐具是以后的事。这种坐具发展到宋代使用得更为普遍。在坐具中，凳子的等级稍次于椅子，明清时期的凳子形式很多，有大方凳、长方凳、长条凳、圆凳、五方凳、梅花凳等。在坐具当中，马扎是最早出现的，是凳子的前身，在凳子上加一个靠背就衍变成了椅子。凳子在民间的称谓叫机凳。最初用来踩踏上马、上轿时使用，所以也称马凳、轿凳。民间俗称的名字中，还有"武凳"，因为习武之人坐如钟，不需要倚靠什么，因此得名。凳子用料简单，用途广泛，所以比椅子流传的数量大。凳子形状很丰富，早期是长方形，一直延续到明代，到了清代变成方形，还出现了圆形、扇面形、梅花形、六角形的凳子。

2. 纸质椅子设计思路

（1）承重分析　纸质家具有"自然之美"，纯天然的纸张能营造出柔和、自然、平静的居室空间氛围，因此纸质家具受到越来越多的人喜爱。本案例重点介绍纸质椅子的设计与制作。根据统计数据可知：一般成年男人的体重在60～100kg，女人的体重一般在40～80kg。因此设计的单张椅子应至少能够承重100kg。如果是多人坐的椅子或者沙发则需要承受更多的重量。

（2）椅子的功能、结构与选材

① 纸质椅子的功能设计。纸质椅子的功能主要为坐具类，坐具类是适应于家具相关的人，满足人的各种心理、生理和行为要求。

② 纸质椅子的结构设计。纸质椅子的结构有很多种类，大致分为以下几种：

a. 层叠黏合切割，其优点就是造型随意方便，结构牢固；但缺点是不能拆装，不易搬运，材料消耗略大。

b. 穿插结构，其优点就是结构性强，操作简单，易于拆装、回收，但耗材消耗稍大，承重面不平衡。

c. 折纸的优点就是质量轻盈，便于组装搬运，但家具尺度不能太大，造型单一，承重一般。

d. 蜂巢结构，具有较好的韧性、弹性、伸缩性、抗压性以及趣味性，但生产工艺较为繁复，空间组合则是集各种面材造型方法于一体而综合创造立体形态。

e. 纸浆模塑结构，具有足够的强度和韧性，并且质量轻，互换性能好，表面涂饰便捷，能够实现标准化、模块化批量生产，但工艺比较复杂。

纸质椅子分别用了穿插结构和层叠黏合，利用了高强度瓦楞纸板巧妙的组合便可弥补穿插结构的沉重不平衡和层叠机构的不能拆装，不易搬运等缺点。

③ 选材。选用的是高强度复合瓦楞纸板，表面是牛皮纸，本身的承重力很强，而且通过结构设计可以实现更大承重。主要作为制造纸箱、纸盒的原材料。它是将瓦楞原纸加工成瓦楞形状以后按一定的方式与箱板纸黏合在一起的多层复合纸板。

瓦楞纸板分为单瓦楞纸板、双瓦楞纸板和多瓦楞纸板。单瓦楞纸板为三层，由单层波纹状的瓦楞原纸和面、里两层箱纸板黏合而成。双瓦楞纸板为五层，由两层波纹状的瓦楞原纸和芯、面、里三层纸箱板黏合而成。多层瓦楞纸板有七层、九层等，这里选用的是单层 15mm 竖型瓦楞纸板。

3. 纸质椅子设计与制作

(1) 设计图纸　利用 AutoCAD 软件设计出纸质椅子各个部件的图纸和尺寸，设计图分为四个部件，每个部件形状大小不一。

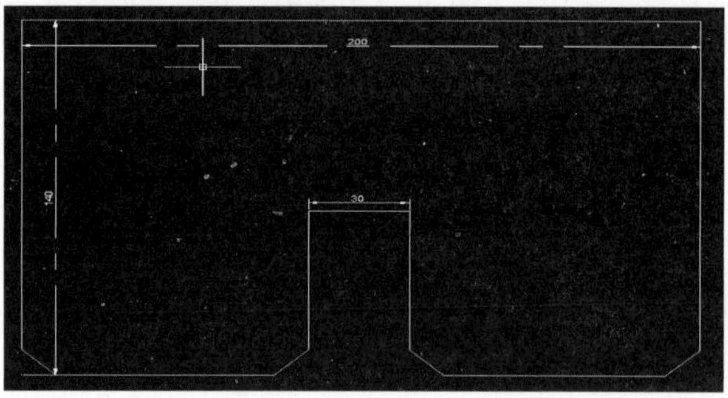

部件一：图 6-1 是纸质椅子的固定部件，矫正椅子的形状，让结构更加牢固，尺寸分别为 200mm×140mm，中间切口为 30mm。

部件二：图 6-2 这一张设计图纸为乘坐板，板总长为 745mm，宽为 460mm，浅色网格为凹槽，凹槽尺寸为 25mm，有三个凹槽，中心区域为乘坐点，有三个插槽。

图 6-1　稳固部件

部件三：图 6-3 设计图为背靠部件，顾名思义这是坐在椅子上背部可以依靠的部分，长宽分别为 775mm×460mm，有两个凹槽，两个插槽。

部件四：图 6-4 是高强复合瓦楞纸质椅子的主要部件，有四个凹槽，两个 30mm 的插槽，两个开孔分别为长宽 155mm×35mm 和 165mm×15mm。底座有一个直径 240mm 的半圆。

绘图注意事项：用 AutoCAD 制图时要表达规范，使图框、图签、线条、字体字号规范化、专业化。绘图比例尽量真实，不能只依

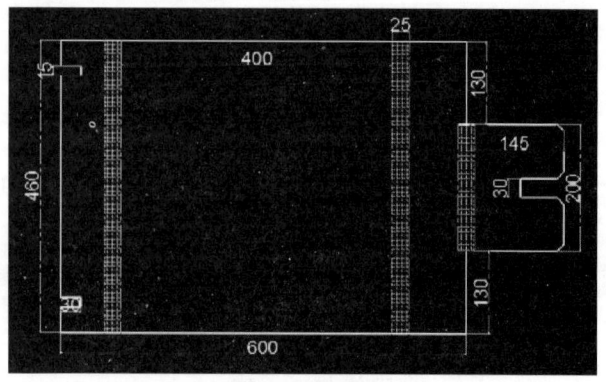

图 6-2　乘坐板

靠尺寸标注，否则需附比例尺，供审查及施工人员测量和估算所需尺寸实用。

（2）纸质椅子部件切割　利用瓦楞纸板切割机对纸板进行不一样规格的切割。纸质椅子共四个部件，分别对每个部件一一切割，切割为不同大小尺寸。

① 纸质椅子部件打孔。

利用气动打孔机进行打孔。气动打孔机也叫冲孔机，使用合金材料制造，耐磨性强，使用寿命长。

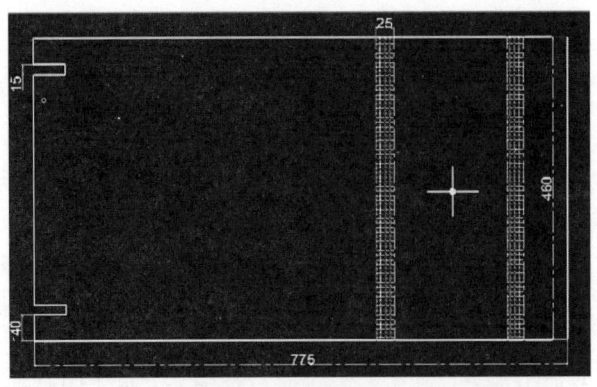

图 6-3　背靠部件

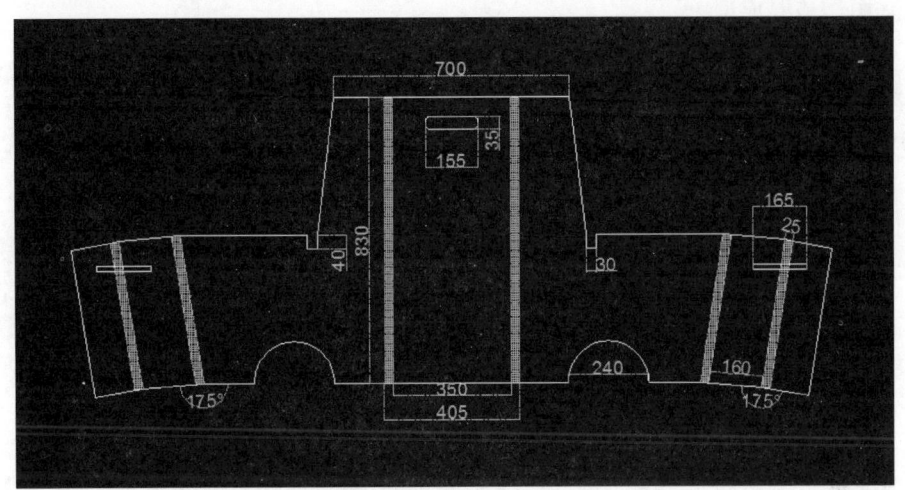

图 6-4　椅子主要部件

打孔机的作用原理：利用压缩机产生的高压气体，通过管道将压缩气体输送至电磁阀，通过脚踏开关控制电磁阀的动作来控制气缸的工作和返回，从而达到冲孔的目的。压缩空气可以存储在储气罐中，随时取用，因而电动机没有空转的能源浪费。利用气缸作为工作部件、利用电磁阀作为控制元件，使本机结构更加简单，故障率低、维修简单、维修成本更低。利用220V电源来实现对电磁阀的控制，操作简单方便。

使用步骤：打开气体压缩机-在打孔机的操作平台上调整好打孔位置-把需要打孔的纸板放入操作台-脚踏开关进行打孔-取出纸板即可。

操作注意事项：调节合适的压力大小，小心轻放，放入正确位置，注意安全。

② 纸质椅子部件开槽。利用专用纸板开槽机进行开槽，纸板开槽机是专业针对工业纸板、灰纸板、密度板等各种板材开V槽。

采用新型的传送纸板机构，只要把纸板平放入操作台上，调整切割位置以保证开槽走位准确，没有偏差和开槽的直线性。具有高精度、高速度、刀具耐用等特点。

开槽机加工对象主要是瓦楞复合纸板，礼品盒，酒盒，包装盒，鞋盒，月饼盒，文件夹盒等。

专用开槽机具有的性能及特点：

先进：V槽效果好，解决了普通机械V槽带有毛边，不能V槽天地盖的难题。

环保：生产各种产品时，没有噪音，没有灰尘，V槽的末了为一整条，可回收。

节能：通常的V槽机功率为13kW左右，本机整机功率仅为1.5kW，降低了生产成本。

方便：纸板开槽机可在车间任何地方摆放（除特殊场所和危险场所），占地面积小。

采用这台机器对纸质椅子部件进行开槽，按照设计图纸的尺寸开槽25mm。

纸质椅子是用竖型瓦楞纸板为基础组装而成的，利用了穿插结构和层叠黏合来拼装，共有四个部件，图6-5为按照设计图6-1制作的高强复合瓦楞纸椅子的稳固部件，固定纸质椅子的形状和增强椅子稳固性。图6-6为乘坐板，前后有插口，固定在主部件上。图6-7为背靠板，用胶水粘住主部件的背部，前插槽嵌入主板。图6-8为主板，可让其他部件嵌入其中，最终成型。

图6-5 稳固件

图6-6 乘坐板

图6-7 背靠板

图6-8 主要部件板侧图

（3）纸质椅子组装　根据设计图纸，将切割好的各个部件组装后效果如图6-9，再将椅子的盖面安装上去，就加工成了最终作品，效果图正面如图6-10，效果图背面如图6-11。

（4）展示与使用

① 纸质椅子作为环保型创意作品，具有一定的实用性、观赏性和经济性。

② 纸质椅子组装成功后，如果觉得颜色过于单一，可以结合椅子尺寸设计图文稿裱面，增强椅子的观赏性和装饰性。

 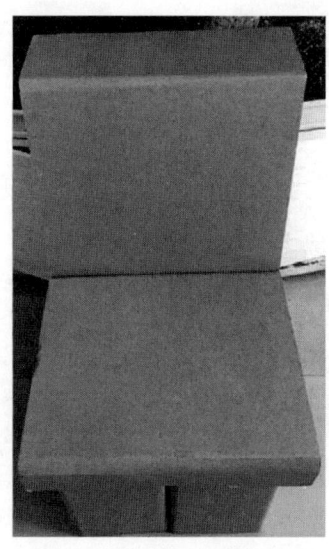 

图 6-9　未装椅面效果图　　　图 6-10　作品正面效果图　　　图 6-11　作品背面效果图

③ 作为纸质品，最大的缺陷是抗水性较差、防火性较差，因此在使用的过程中应该适当注意。

案例二、纸质椅子设计与制作

1. 设计理念

瓦楞纸家具通过科学的结构设计，配合高强的材质，能够实现与传统家具一样的承重功能，重量却只有传统家具的 50%，使摆放更加方便，且价格比其他材质家具低。瓦楞纸家具使用加强瓦楞纸板制作而成，即使儿童不小心撞在上面，由于其本身的特点，也不会对儿童造成太大伤害，消费者可以放心使用。用瓦楞纸加工制作而成的创意家具，低碳环保，利于回收。

2. 作品效果图

本作品椅子分整体和镂空两部分，使用五层瓦楞纸（厚约 0.7cm）组合而成。其椅子效果如图 6-12 和图 6-13 所示。

3. 设计与制作

本作品椅子结构平面图如图 6-14 所示，采用镂空式设计，在椅子需要承载重量相对较小的地方，采用镂空结构，在设计图上利用纸板剩余部分来安排这些非镂空部分的结构，其设计图如图 6-15 所示，这样大大减少了纸张的使用量，也降低了产品的制作成本，使得椅子的重量是同体积普通椅子的 1/3。

在椅子制作过程中会受到两个因素的限制，第一个限制因素是切割机的最大切割幅面尺寸，如果纸家具的最大幅面尺寸超过了切割机的最大幅面尺寸，那纸家具在设计过程中就需要采用拼接工艺；第二个限制因素是所采购的纸板最大幅面尺寸，同样的纸家具的最大幅面尺寸不能超过纸板的最大幅面尺寸，否则也需要采用拼接工艺。本作品椅子的设计尺寸为 891mm×625mm，所使用切割机的最大切割幅面尺寸为 1300mm×1000mm，纸板尺寸为 1000mm×

 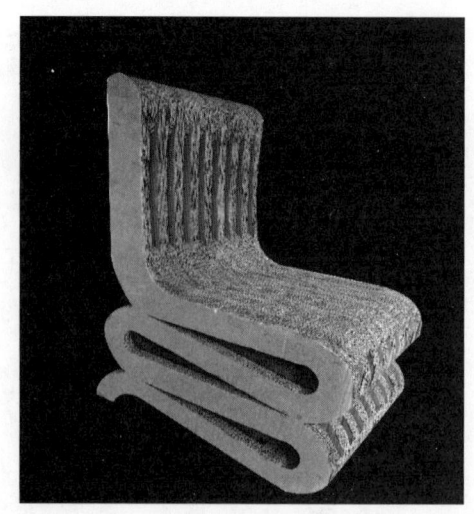

图 6-12　椅子正面效果图　　　　　图 6-13　椅子侧面效果图

1000mm，因此作品没有超出以上两个限制范围。为了减少生产过程中的用纸量以及减少加工时间，将椅子的各结构图尽可能拼在一张纸板上，如图 6-16、图 6-17 所示。

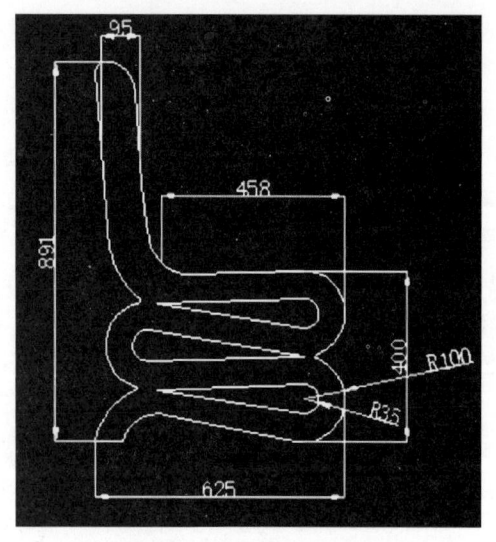 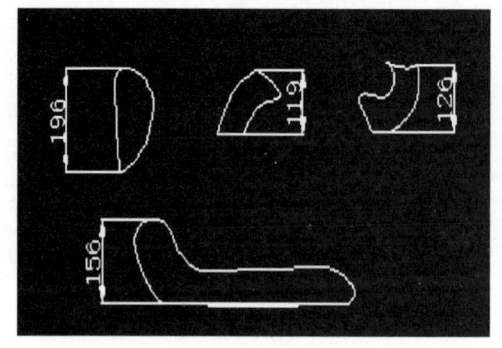

图 6-14　椅子结构平面图　　　　　图 6-15　椅子镂空部分结构图

4. 作品效果图

本作品椅子使用的是高强立瓦楞纸板组合而成。如果觉得椅子的颜色比较单一的话，可以在椅子成型后的外面再贴上一层有颜色的或者特定图案的纸张，提升纸张椅子的观赏性和使用性，如图 6-18 所示。

案例三、纸屏风设计与制作

1. 屏风常识及用途

屏风是从古至今常见的生活居家用品，有着悠久的历史和丰富的形式，用于沐浴、更

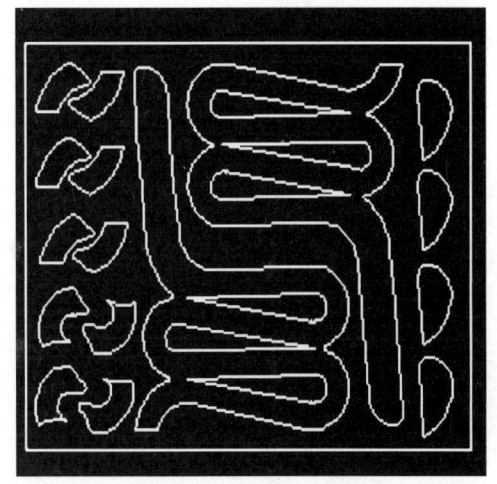 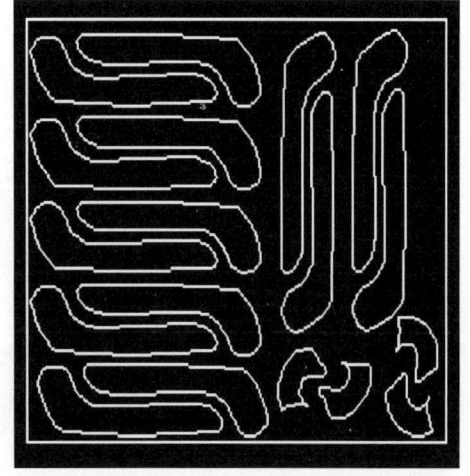

图 6-16　椅子生产图纸一　　　　　图 6-17　椅子生产图纸二

衣、睡觉等主要起分隔空间增加室内美观度的作用。随着人们的物质生活逐渐丰富，以及审美要求的提高，屏风逐渐发展成为装饰品。

屏风集实用性与观赏性于一体，既有实用价值，又有其本身的艺术效果。它不仅可以放在大厅里欣赏，也可以放在办公室里，可以根据需要摆放移动位置分隔独立的空间，让办公人员有自己的私人空间，但又没有完全分隔开，大家还都在同一个空间里，从而营造出一种"隔而不离"的效果。这使屏风在室内或办公环境下，成为家居装饰的整体空间效果，而呈现出一种和谐、空间宁静之美。

2. 设计目的及思路

了解高强瓦楞复合纸板结构特点和性能等，通过图案设计和尺寸规格设计及配件的

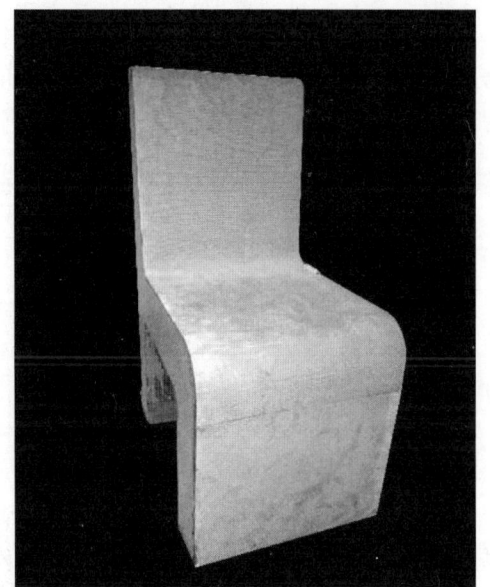

图 6-18　椅子侧面效果图

选用等，完成屏风的图文设计、结构设计及组装，完成一套四页纸屏风设计与制作，实现环保型纸屏风的开发，纸屏风每扇规格为 60mm×150cm。

屏风的设计内容要考虑到当前放置的场所以及客户的要求，因为每个人都有不同的喜好，一件完美的作品除了有设计师的风格还要融入客户的想法，否则制作出的屏风既不能让客户满意，又会与周围环境格格不入。

以"中国包装网"的屏风为例，此屏风主要是通过屏风展现"中国包装网"的内容及作用，屏风是根据客户提供的手册排列方式，结合"中国包装网"首页的内容，参考现代的时尚潮流风格及古代的典雅风格，制作出符合时代感又不失复古的屏风，给人一种独特

的视觉感官。

3. 设计与制作

(1) 设计与制作材料和工具

① 原材料。高强瓦楞复合纸板 5m²、1cm 宽的塑料包封边 20m、铰链 9，如图 6-19。

图 6-19　高强度复合瓦楞板和塑料包边

② 工具：铆钉、铆枪、美工刀、电钻、电脑、彩色打印机、白乳胶等。

(2) 设计工艺流程　纸屏风设计与制作工艺涵盖了纸屏风设计理念形成、研究高强瓦楞纸板细观结构、确定产品的组装与连接方式、设计纸屏风的图文并打印、分切高强度瓦楞复合纸板、粘贴彩色打印张、组装成型等工艺环节，详细流程如图 6-20 所示。

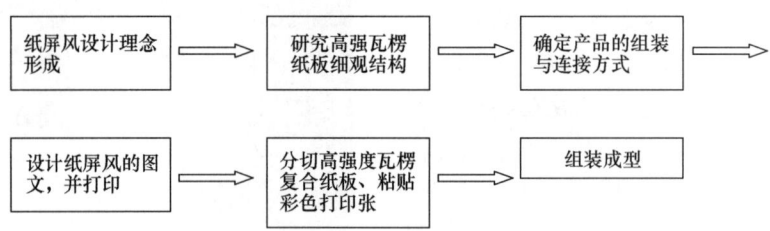

图 6-20　纸屏风设计与制作工艺流程图

(3) 纸屏风设计

① 屏风尺寸确定。在设计屏风的过程中，最先要做的就是确定屏风的尺寸，只有确定了尺寸才能对屏风内容进行编排。一般屏风的尺寸，都会根据屏风摆放的位置及设计内容来制定，而项目这次要制作的屏风"中国包装网"，是根据中国包装网站的主页进行设计的。主页是一个直观性的页面，需要整体效果，为了展示效果具有更好的整体性，项目组摒弃了传统设计的多扇折叠样式，采用插屏的结构样式；为了方便搬运，屏风各部位采用穿插结构，而不是胶水黏合的方式进行组装。于是这次屏风本人做的是单扇的，主体尺寸长×高为 160cm×240cm。屏风两侧底座形状似三角形，其尺寸宽为 150cm，高为 120cm，采用类似三角形的底座，外观上更加灵巧且可使屏风在放置时更加稳定。这种单扇的屏风有另一个名称，俗称为"照壁"。

② 色彩。确定屏风的尺寸后，就要设计屏风的外观样式、花纹以及底色，只有设计好这些基本样式才能规划屏风的排版内容。在设计屏风的外观样式时，将版面外框设计成古典风格的原木镂空样式，颜色选用大红色，主要是增加屏风的古典气氛。屏风的版面背景颜色采用嫩绿色，除了跟边框的红色形成鲜明的反差，让人的视觉效果更明显之外，主

要还是这次做的屏风是纸质屏风,讲究的是绿色环保,采用嫩绿色更能体现出纸质屏风的绿色环保。

③ 文字。为更好地宣传中国包装网,文字是不可缺失的一部分,也是画面构图中重要组成部分。屏风"中国包装网"主要为宣传中国包装网,其标题文字通过钢笔工具从网页图片上直接抠出来,从而保证外观效果一致。正文字体主要采用宋体,大小为100pt。

④ 图案。屏风"中国包装网"正面图案是通过模仿网页上的图片制作而成,大小也是根据网页的大小结合屏风的大小制定。屏风的背面以文字为主,为让背面没那么单调,放了一条龙做底纹,增加屏风的整体效果,屏风正反面设计效果图如图6-21。

图 6-21　屏风正反面内容设计

(4) 纸质屏风制作　通过不断修改设计出客户满意的样稿之后,接下来就是屏风的制作过程,也是最关键的时候。在屏风设计中不满意或错了还可以修改,但在屏风制作过程中只要错了就会有材料的浪费和制作时间的浪费。现将屏风制作工艺过程分为以下几个阶段:

① 取料。根据屏风设计的样稿大小,从一整块高强立式瓦楞纸板上绘制出需要的规格。

整扇屏风所用材料包括五个部分:2cm厚的高强立式瓦楞复合纸板六块,材料如图6-22所示,塑料封边20m,彩打写真背贴纸$4.5m^2$,成本价约500元,屏风总重量为15kg。根据屏风的规格大小以及封边的内槽尺寸,来确定所选纸板的厚度。屏风的强度主要取决于所用纸板的

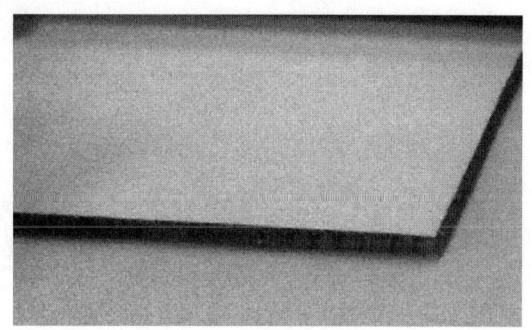

图 6-22　纸板材料

厚度,一般来说,纸板越厚,强度越好,但是相应的成本也会增加。因本屏风高度较高,所以选用两块2cm厚的纸板进行黏合后作为屏风纸板材料。根据上述规格尺寸,利用切

割机完成材料的切割。对于复杂的形状，也可以采用美工刀进行切割和修边。

②冷裱操作。将彩色打印后的写真背贴纸经核对无误后通过冷裱机，将其贴在瓦楞纸板上。冷裱操作需耐心、仔细，稍有不慎就会前功尽弃。为了保证贴合的无缺陷，要先把冷裱机摆放在一个比较平整的地面上，水平摆放并固定，检查纸板表面有无破裂或者脏东西，这些都将会影响贴合的平整度。接下来再把背贴纸和纸板四个角都对齐放平整。等背贴纸和纸板四个角都对齐、放平整之后，一起放进冷裱机的滚筒上下面，接着调整滚筒与纸板之间的压力大小，因为大部分的冷裱机都没有压力显示表，所以压力的调节完全靠操作人员的经验来调整，且要保证滚筒左右两侧的压力值一致。对齐后慢慢旋转滚筒左右旋钮，掀起背贴纸的一边撕下一小段背贴纸上的薄膜慢慢的压平在纸板上，之后再把其他薄膜也边撕边贴贴齐在纸板上直至全部贴好。这么做能使背贴纸和纸板更完好紧密地贴合在一起。如图6-23所示。

图 6-23　冷裱操作

冷裱操作事项：调节合适的压力大小。滚筒两侧压力值是否一致将直接影响产品质量。

③封边。把所有的屏风都贴好之后就是封边了。封边的材质选用PVC-U塑料，这种材料质量轻，且韧性较好，使用过程中不容易产生断裂。采用与纸板厚度相匹配宽度的封条，选定好封边材料后，接下来根据屏风尺寸，裁切相应的PVC-U塑料封边长度，把封条的两端从90°的直角用专门切45°角的工具切割成45°角。封条都切好后还需要刷胶，刷胶是为了使封条和屏风更牢固地黏合在一起。刷黏合剂时，需注意用胶量的大小，刷完胶后等胶层完全干燥，把屏风前后两面排放好把封条从屏风的一头慢慢推入直到尽头，完成后将多余的胶水清理干净。封边的作用是防止从侧面看到纸板芯纸的内部构造影响美观，也方便后续的加工。

④支脚制作。与折叠式屏风制作方法不一样，本文采用的是插槽式的支脚。由于屏风高度较高，为保证稳定性，支脚由两块宽150cm、高120cm、厚2cm的三角形纸板黏合而成。为配合屏风整体图案，支脚两面也会贴上彩色打印后的背贴纸。接着选出与槽宽支脚厚度相符的封边条进行封边，封边好后，在支脚的中间开槽，如图6-24所示。槽宽要配合屏风的

图 6-24　屏风支架效果图

厚度，如槽宽开大了，屏风会不稳，前后摇晃；太小了又插不进去。

⑤安装。封边完成后，在两侧支脚的中间开槽，槽的宽度要与封边后的屏风主体板面尺寸厚度相匹配，槽的宽度如果大了，虽然安装会更加容易，但会影响屏风的稳定性；槽的宽度如果窄了，屏风主板将很难安装上去，因此在开槽前需准确量取屏风主体板面尺寸厚度。然后再将屏风的主体部分插入到两侧支脚内部，这样一幅插屏即完成，如图6-25所示。

（5）作品效果图 经过以上诸多工艺，最后组装完成一套完整的四扇屏风，如图6-26。采用高强立式瓦楞复合纸板用作纸屏风产品的开发设计与制作，通过结构和造型设计，不仅使得屏风的制作成本大大降低，且完

图6-25 屏风整体效果图（正面、背面）

图6-26 四扇纸质屏风

美地融合了古典与现代元素，从而起到更好的宣传作用。本作品所选用的材料还可以回收再利用，可有效节省资源，具有较高的经济价值和社会价值。此外，本作品已参加过印刷包装展会，在展会上获得了顾客较高的评价。

案例四、纸家具设计——书架

1. 设计的理念

书架是人们放书的器具，一个好看的书架会为房间增色不少。书架设计构思理念是借助古代的冰梅窗的结构，以斜、平、杠的连接方式组合成型。本作品所采用的材料为高强立瓦楞纸板和黑色特种纸，主体材料大部分都采用裁切产品后的边角废料，利用白乳胶粘贴而成，这样虽然增加了产品制作时间，但可以较好地节省材料制作成本。

2. 作品1：个性展示架效果图

纸书架实物效果图如图6-27所示，书架生产图如图6-28所示。

图6-27 纸书架实物图

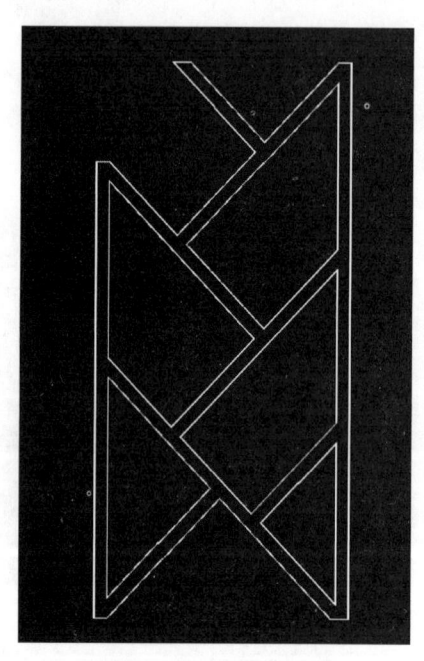
图6-28 纸书架生产图

首先将高强度瓦楞纸板进行切割，因为考虑到材料有限，只能将书架分解成两部分切割。第一部分为整体切割，切五张完整的结构。第二部分将所有空间连接材料切成条形，然后用胶水进行连接，相互穿插，贴到书架厚度的三分之一和二分之一处加入一张完整的材料，全部完成后表面再加上一张完整架构。搭建完成后，再用黑色特种纸进行裱装。待书架粘贴完成后，将书架平放于地上，在其上压适当的重量物，等白乳胶完全干透后，再将书架立着摆放。

3. 作品2：智慧树书架效果图

智慧树书架的设计灵感来自于自然，它采用创意的树形设计，线条分明的树干让这款书架呈现出一种朝气蓬勃的生命力，渲染整个房间的气息，让人一走进这间房就能感受到一种活力。而树也一直是知识的象征，把书架、知识、树相结合，更加凸显树型书架的寓意。智慧树书架最大的创意就在于区别与传统书架的横平竖直，也区别了传统书架的匀称与对称，采用了不规则的设计，其实物图如图 6-29 所示，书架 cad 设计图如图 6-30 所示。

图 6-29　智慧树书架

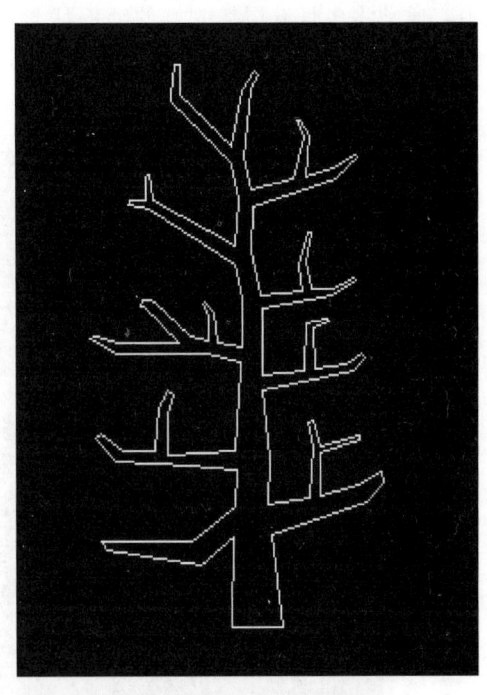
图 6-30　书架 CAD 图

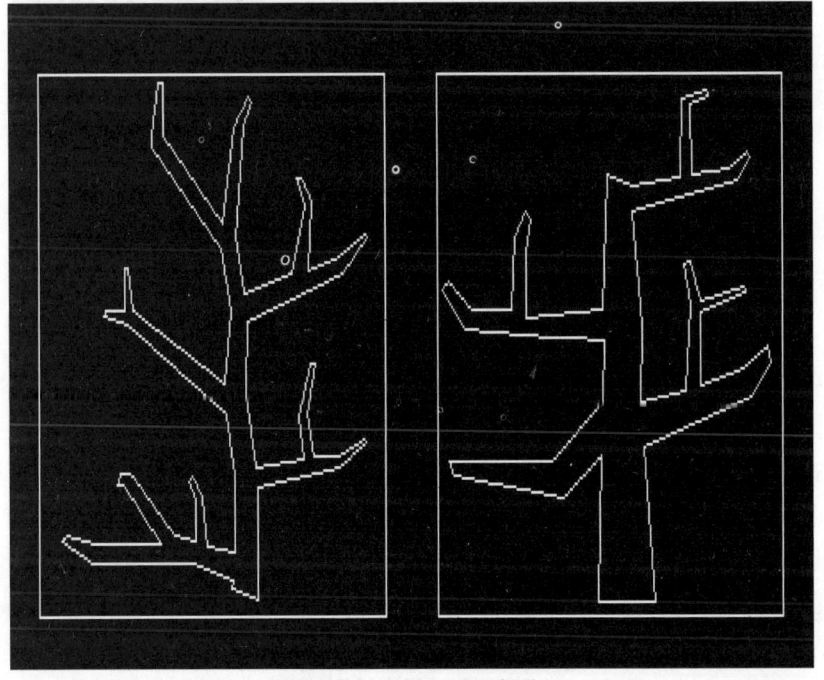
图 6-31　书架上下两部分

这种设计对空间并没有特别要求，可以融入到更多的环境里，显得前卫。

智慧树书架选用 5 层瓦楞纸板加工，书架设计总高度约为 160mm，该尺寸一般会超过实训用的纸板切割机的最大切割幅面，可以根据切割机的幅面，将书架分成上下两部分单独切割再组装，切割结构如图 6-31 所示。为了确保智慧树书架成型后具有一定的承载能力，通常将多张五层切割好的纸板黏合而成。在实际操作过程中，为了节省原材料，选用大张纸板加工整个上、下两块书架外层，结构如图 6-31 而将书架内层分解成小块，拼版设计后，分切再组装，拼版效果如图 6-32 所示。

图 6-32　书架分解图

第二节　包装盒创意与设计

案例一、马牌陶瓷餐具包装盒创意设计

1. 设计的理念

陶瓷餐具包装盒设计在给我们的生活带来乐趣的时候也让我们心情变得愉悦起来，陶瓷餐具包装盒最重要的一点是要具有牢固安全性，而且还要体现一定的创意。设计理念，最主要的是体现对产品的档次与服务团队的精锐。第一，是要让消费者感觉包装新颖，并不是随意的包装盒，让他们能开开心心地购买陶瓷餐具。第二，让消费者眼前一亮，要有属于设计师们自己的设计理念，有自己的创新，才能起到吸引顾客的效果。设计师要有属

于自己的独特风格，但也要考虑到大家的审美方式，不能对太普遍的东西过于依赖，要有自己的路线，才能达到高的定义。

2. 作品展示

本创新包装盒的结构包括两大主体部分，一是上盖，如图 6-33 所示；二是内盒，如图 6-34 所示。设计的过程中考虑到降低生产成本和环保等因素，采取了纸盒表面图文切割的方式。内盒主要是摆放一套瓷碗和筷子的缓冲结构。整体布局合理，大方，且具有良好的缓冲和减振效果。

图 6-33　陶瓷餐具包装外盒

图 6-34　陶瓷餐具包装内盒

3. 创新工艺与实现

（1）内装瓷碗和筷子的数据测量及尺寸设计　以一般的陶瓷餐具包装盒大小做参考，设计陶瓷餐具包装盒的大小为：宽 312mm，长 392mm，高 200mm。经过构思，结合实际素材，确定整体结构和形状。根据构思后的结构和形状，同时兼顾创意和牢固设计出属于我们自己的陶瓷餐具包装盒，分别设计了小碗和大碗等 CAD 图，如图 6-35、图 6-36、图 6-37 所示。

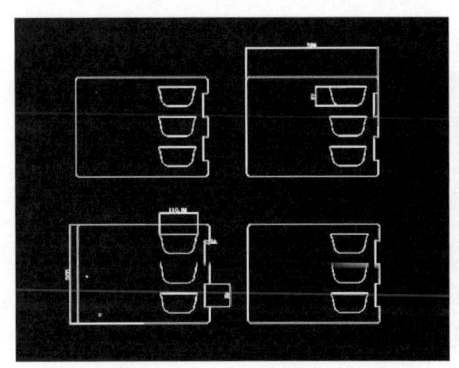

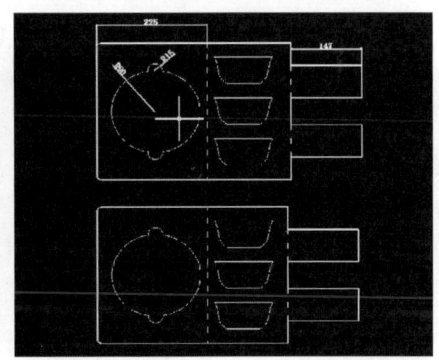

图 6-35　内盒小碗和内盒底部 CAD 图

放置筷子的位置设计，根据测量实际筷子的长度，放置三双相同的筷子。该组合由三张五层瓦楞纸叠加、黏合组成。每张均有设计方便取出的对称凹槽，顶部有画出放置筷子的相似。

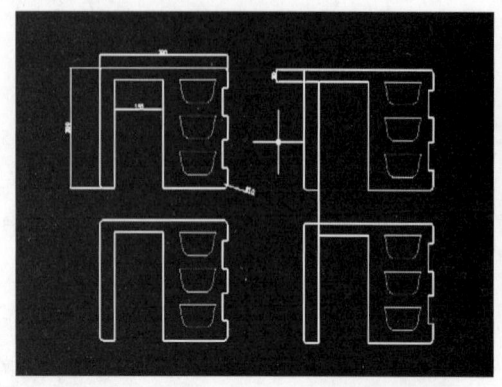
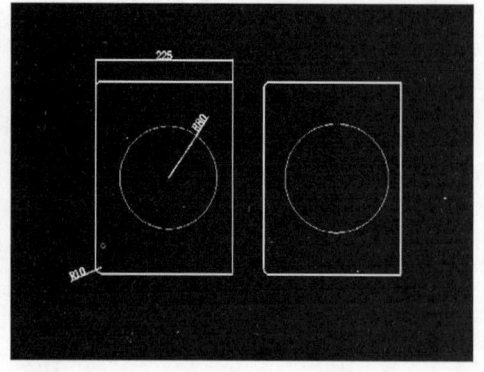

图 6-36　小碗和大碗 CAD 图

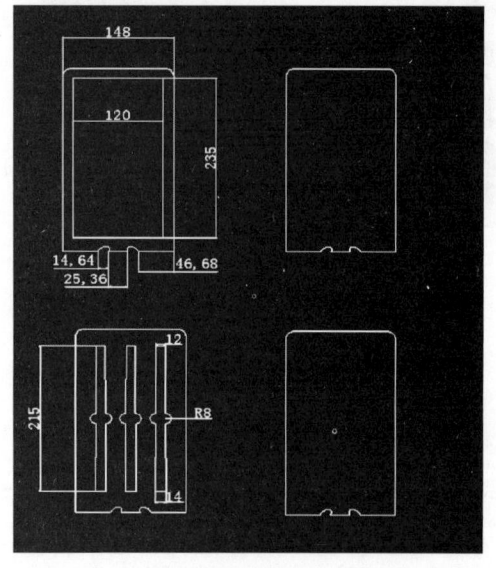

图 6-37　筷子盒 CAD 图

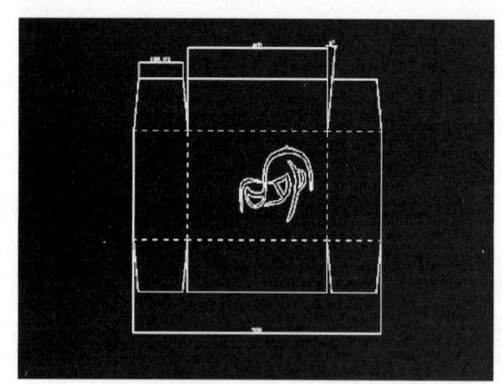

图 6-38　外盒 CAD 图

图 6-38 餐具包装盒的标志，是一个"碗"字的形象变形，更加生动有趣，让人感觉到眼前一亮，充满想象和创意。字体优美，不显呆板。

陶瓷餐具包装盒由七张五层瓦楞纸堆叠、黏合、镶嵌构成的外包装，以及一部分存放筷子的推拉式抽屉组成。

(2) 实物打样　此组系列图是构成餐具包装盒的基本组成部分，分别是放置筷子的四张长方形的瓦楞纸的分解图，组成大碗和小碗的瓦楞纸凹槽的分解图。这六款基本部分在整个包装盒中具有重要作用，也是设计中创新的亮点之一。组成部分如图 6-39 所示。

(3) 组成部分的搭配与安排　此组系列图是构成餐具包装盒的主要组成部分，分别是放置筷子的具体位置；其次是大碗的位置是安放在由八张挖空不同大小圆形的五层瓦楞纸叠加的凹槽里，此凹槽是包装盒的一大创新之处，既固定了大碗的位置，又保护其免受破损。搭配组建结构图如图 6-40 所示。

图 6-39　组成部分

图 6-40　搭配组建结构图

（4）陶瓷餐具包装盒的标志　我们可以运用钢笔工具与渐变工具，对"碗"这个字进行适当的变形，让这个字更加形象生动活泼。增加趣味感，变形后的字让人感觉到眼前一亮，充满想象和创意。字体优美，不显呆板。我们经常会用一些软件中的工具去美化字体，从而起到更加美观的作用和效果。陶瓷餐具包装盒标志如图6-41所示。

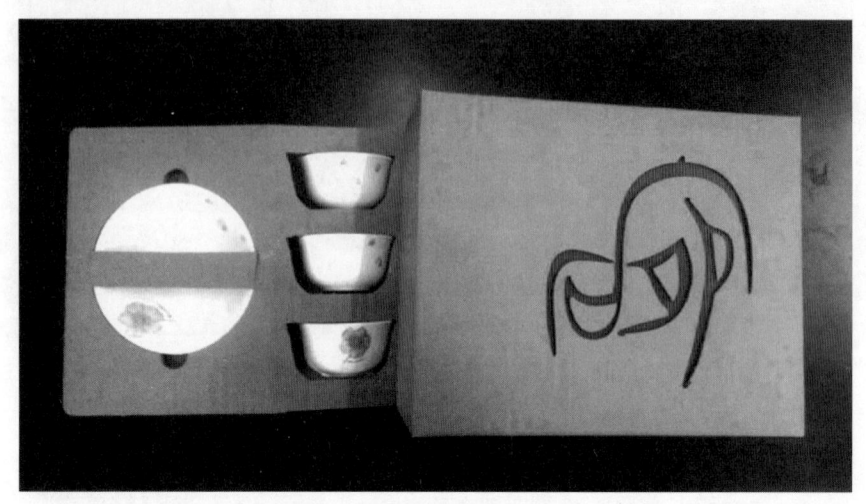

图6-41　陶瓷餐具包装盒标志

"碗"字的形象变形，使这个字更加生动有趣，让人眼前一亮，充满想象。字体优美，不显呆板。

（5）包装盒的组合与创意　陶瓷餐具包装盒的整体形状是一个长方体。该餐具包装盒可以装下一只大碗、三只小碗，以及三双筷子，容量是比较可观的。其中，大碗的位置是安放在由八张挖空不同大小圆形的五层瓦楞纸叠加的凹槽里，此凹槽是包装盒的一大创新之处，既固定了大碗的位置，又保护其免受破损。另外，顶部的两张瓦楞纸分别对称挖空两个半圆，是为了方便拿出大碗。

其次，大碗的右边是存放三只小碗的位置，三只小碗从上至下放置，相互间隔3cm，空间上安排合理，不会发生相互磕碰的情况。将五张五层瓦楞纸挖空三个与小碗相同形状并叠加黏合，将三只小碗固定在其中，非常好地保护了三只小碗。视觉上，大碗和小碗的位置安排合理，相互之间协调对称。

最后是大碗的下面，有一个暗藏的推拉式抽屉，里面放置筷子，这是包装盒的又一个亮点，既节省空间又能够起到实质的作用，是一个非常好的想法。

三个部分组合成陶瓷餐具的内包装，三者相互搭配，美观又和谐。优美的造型可以提升包装的视觉冲击力，提升商品的档次和吸引力。所以在餐具包装的结构上创新是非常重要的。用CAD制图，可使其更加美观。同时，结构的创新也是我们制作餐具包装盒的重点，既吸引消费者的注意，又保护陶瓷餐具免受破损等。顶部的两张瓦楞纸分别对称挖空两个半圆，是为了方便拿出大碗，其大碗放置结构图如图6-42所示。大碗和小碗放置结构图如图6-43，大碗与小碗的空间安排合理，相互之间有一定的间隔，使两者之间协调美观，不会受损。筷子放置结构图如图6-44所示。

（6）制作完成　通过上述工序的加工，最终效果图如图6-45所示。

图 6-42　大碗放置结构图

图 6-43　大碗和小碗放置结构图

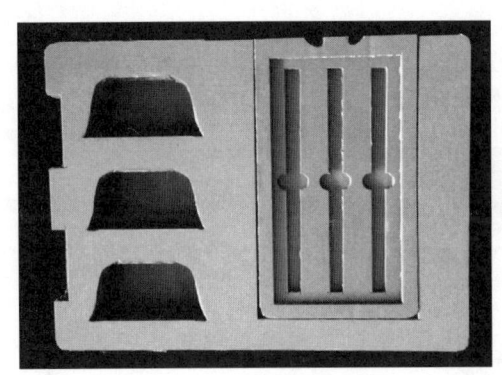

图 6-44　筷子放置结构图

图 6-45　餐具包装盒最终效果图

案例二、陶瓷餐具包装盒创意设计

1. 设计理念

本次设计的餐具包装结构是组合式，整体采用简单大气的长方体结构，材料选用 E 型瓦楞纸板，经济环保。本次结构设计对各个餐具进行单独缓冲设计，餐具间不直接接触，避免了运输过程中的碰撞，具有很好的缓冲功能，能很好地保护产品；设计中没有多余的修饰，避免了过度包装，且能够很好地展示产品。

在碗底部设计缓冲衬垫，增加碗与箱底的距离，起到保护的作用。碗具外面盒子的顶部进行内折来起到固定作用，使其不会晃动，在内折边上加上筷子节省了空间，盘子的包装是利用插式方法来固定盘子，而且可以通过绳子拿取装盘子的盒子，方便拆取盘子，再在外部设计外盒来固定盘子盒。餐具外箱采用的是天地盖结构，加强了盒子的承受能力和牢固性，更有效地保护产品，如图 6-46。该作品曾参加 2017 中国包装创意设计大赛，获得学生组三等奖，同时，该作品也申请了实用新型专利，专利名称"一种餐具创意包装结构"，专利号 201821613080.8。

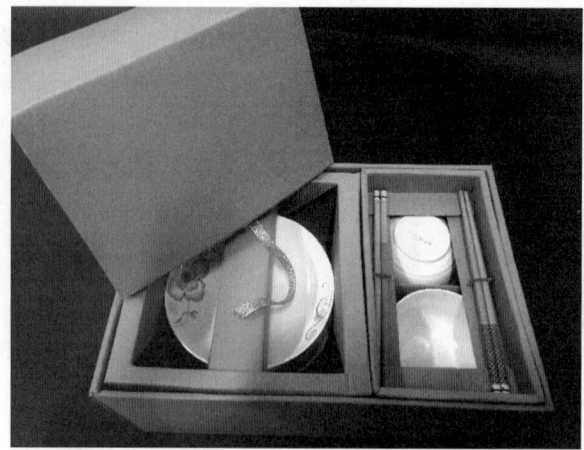

图 6-46　餐具创意包装结构设计及获奖证书

2. 产品说明

本餐具套装包括两个大碗、两个小碗和两双筷子，分别如图 6-47～图 6-49 所示。大碗、小碗均为陶瓷碗，重量在 500g 左右，属于易碎品，在设计的过程中为了提高包装袋缓冲性和防护效果，分别选用了中空固定和隔层缓冲等方式设计包装结构。

图 6-47　碗具　　　　　　　　　　　图 6-48　盘子

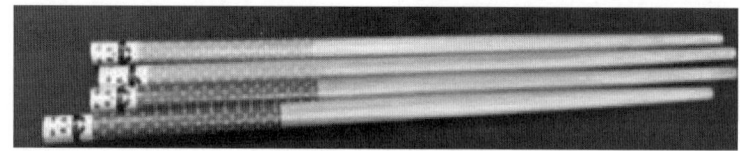

图 6-49　筷子

3. 材料选用

整套餐具包装材料全部采用 E 型瓦楞纸板，如图 6-50 所示，因该纸板薄而密，质轻且具良好缓冲性，价格便宜，印刷效果良好，易加工折叠成型，特别适合精美包装。

4. 设计与制作

（1）外箱设计与制作　整套餐具的外箱结构采用传统的长方体结构，如图 6-51 所示，因为该结构方便产品搬运，在运输过程中也能够较好地节省空间。纸箱采用天地盖结构，上盖和下盖是两个独立的盘式结构。按照上盖和下盖的相对高度，天地盖可分为天罩地式、帽盖式和对扣盖式三种结构类型。天罩地式指的是盒盖完全罩住盒体的结构；帽盖式指的是盒盖只罩住盒口部分；对扣盖式指的是盒盖只罩住盒口的插口部分。本作品采用的是天罩地式的天地盖结构，其外箱折叠成型效果图，如图 6-52 所示；箱盖由两部分组成，这也是为了增加纸箱的整体强度考虑的，其箱盖的 CAD 设计图，如图 6-53、图 6-54 所示。

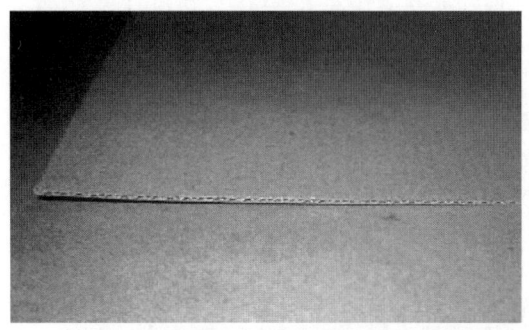

图 6-50　E 型瓦楞纸板

图 6-51　整体外箱结构

图 6-52　外箱折叠成型效果图

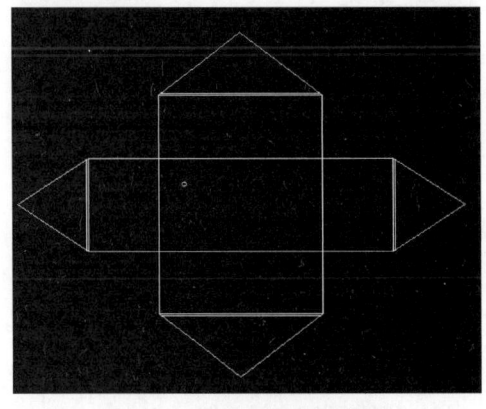

图 6-53　外箱展开图内结构

图 6-54　外箱展开图外结构

（2）箱内缓冲结构设计与制作　餐具在运输过程中除了考虑外部冲击力对餐具造成的损害以外，还要考虑在装卸与运输过程中，餐具内部发生撞击产生破损，如果不能有效地阻隔餐具内部发生的撞击现象，即使较小的外部冲击力也会容易导致产品破损，所以如何设计合理的内衬缓冲结构，对餐具的包装设计来说非常重要。本作品为了防止餐具间的相互碰撞，又因盘子和碗具的尺寸规格不同，所以将盘子和碗具分别进行缓冲设计。盘子的包装是利用插式方法来固定，而且可以通过绳子拿取装盘子的盒子，方便拆取盘子，再在外部设计外盒来固定盘子盒，其设计图如图 6-55 和图 6-56 所示，效果图如图 6-57、图 6-58 和图 6-59 所示。

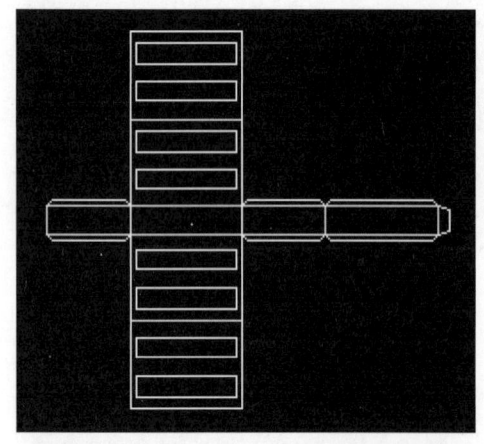

图 6-55　盘子缓冲结构图

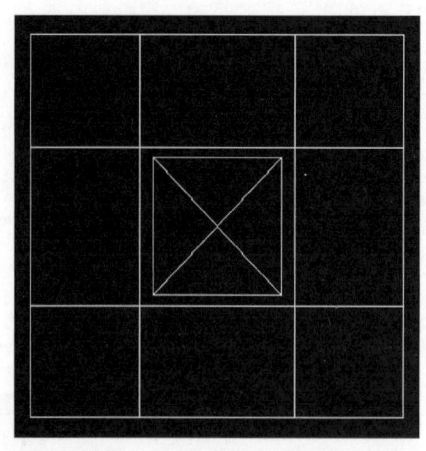

图 6-56　盘子外盒固定结构图

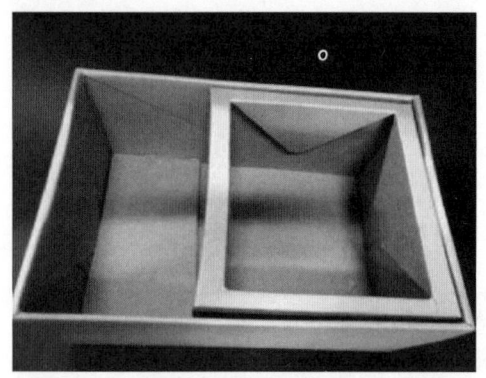

图 6-57　放入盘子外盒框

图 6-58　盘子缓冲结构效果图

图 6-59　盘子包装整体效果图

同样为了防止碗与碗在运输过程中发生碰撞，在设计过程中在碗与碗中间增加间隔板，其设计图如图 6-60 所示。在碗底部设计缓冲衬垫，增加碗与箱底的距离，起到较好的保护作用，设计图如 6-61 所示，效果图如图 6-62 和图 6-63 所示。碗具外面盒子的顶部进行内折来起到固定作用，使其不会晃动，在内折边上加上筷子节省了空间，其效果如图 6-64 所示。这样整套餐具的缓冲包装结构就如图 6-65 所示，整套餐具的包装非常适合展示销售，一打开包装盖子就可以很好地看到产品实物效果，同时产品与产品之间做了很好的隔断，该结构的强度也非常适合运输装卸等。

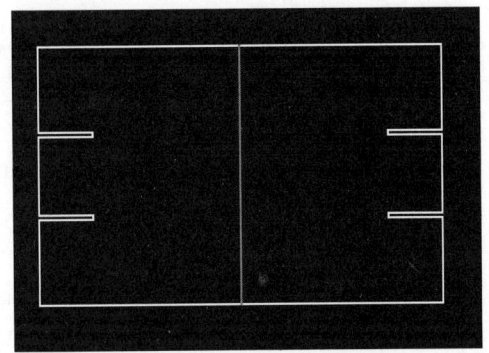

图 6-60　中间隔板结构图

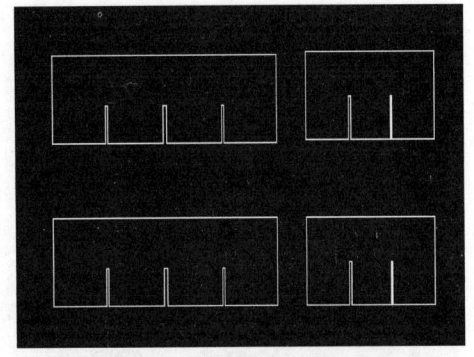

图 6-61　底部缓冲衬垫结构图

图 6-62　中间隔板效果图

图 6-63　放入碗具效果图

图 6-64　放入筷子效果图

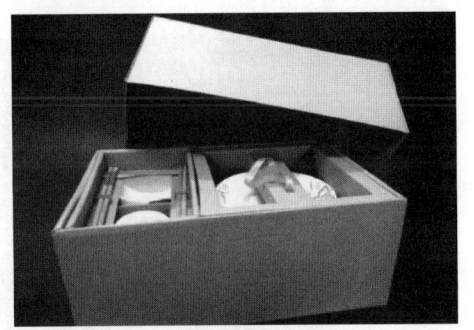

图 6-65　餐具整体包装效果图

案例三、方形鸡蛋盒包装盒创意设计

1. 设计理念

包装的作用主要包括两个方面，首先是有效地保护商品，减少流通和仓储等环节的损坏；其次是展示商品，提高商品的档次和吸引力，增加销售效果。

鸡蛋盒正是基于以上理念设计的一款产品，这个方案主要是针对鸡蛋进行创新的设计，一方面可以用于展示销售，另一方面这个盒子是采用瓦楞纸板为原材料制作的，具有良好的环保性、易成形性、价格便宜等优点，具有广泛应用的可行性。

2. 作品效果图展示

本方案鸡蛋盒包装主要是针对鸡蛋而设计的，如图6-66所示。

3. 创新工艺与现实

（1）产品数据的测量　根据客户所提供的产品，对产品进行数据的测量。测量的数据如表6-1所示。

（2）瓦楞纸板原材料选用　根据产品的重量选择合适的瓦楞纸来制作产品的包装。常用瓦楞纸板主要有三层、五层、七层，建议选用三层瓦楞纸板或者五层瓦楞纸板为宜。

图6-66　鸡蛋盒实物图

（3）设计图稿　根据具体的实物的尺寸和设计的构思，利用CAD等软件进行结构设计与尺寸标注，最后形成展示架的盖子结构尺寸图，如图6-67；以及内部尺寸图，如图6-68、图6-69。

表6-1　　　　　　　　　　　本创新案例的设计对象的测量数据

数据 名称	长/mm	宽/mm	高/mm	重量/g	需要重点保护的部分
鸡蛋	25	25	60	70	全身

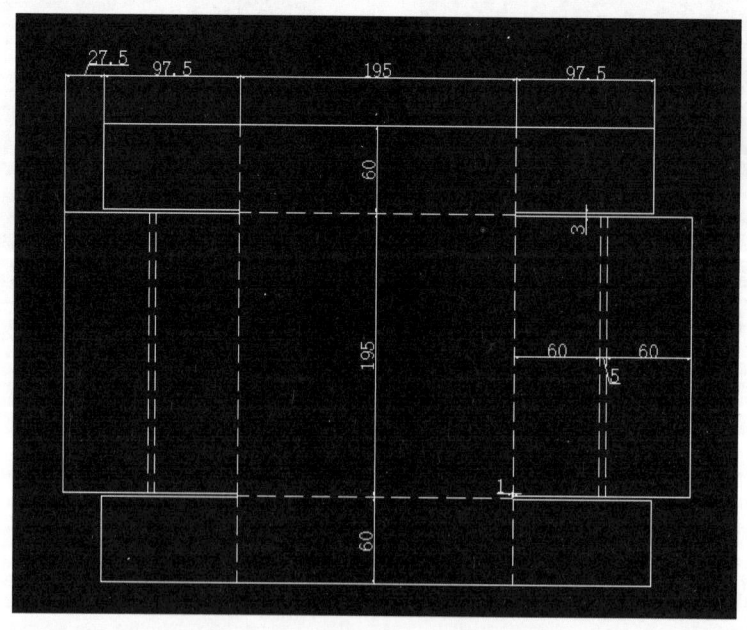

图6-67　外层盖子的瓦楞裁切图纸

（4）实物打样　将设计好的图纸导入专用的瓦楞纸板结构打样机，调整好刀具、压轮

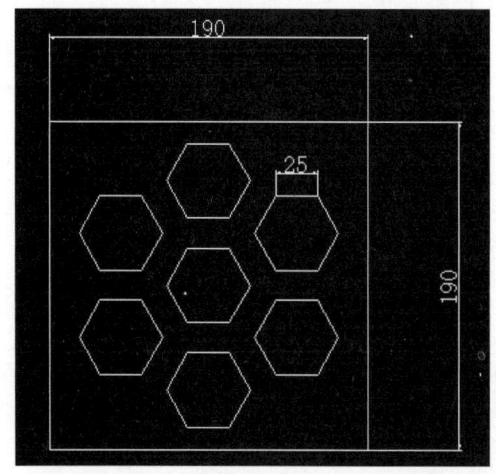
图 6-68　内层上面部分的瓦楞裁切图

图 6-69　内层下面部分的瓦楞裁切图

等,完成切割打样,最后形成了不同层的样稿切割,如图 6-70~图 6-72 所示。

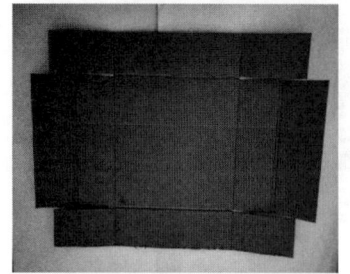
图 6-70　盖子的图纸

图 6-71　内部上层的图纸

图 6-72　内部下层的图纸

(5) 粘贴复合　将打样出来的图纸进行黏合,贴合时候应先在纸张上均匀地抹上胶水,在下一层贴合的时候要注意与上一层纸张对齐,同时避免胶水溢出,如若溢出应尽快用毛巾擦去溢出的胶水。在黏合之前应该先在平稳的地面上铺上一张干净的纸张,避免在黏合的过程中,因胶水溢出导致杂物黏在作品上。最终作品如图 6-73、图 6-74 所示。

图 6-73　上面部分的粘贴方式

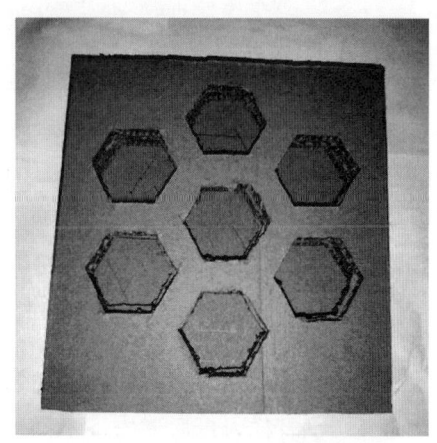
图 6-74　下面部分与上面部分的粘贴

（6）成品与装饰　将鸡蛋放在中间，以六边形来稳固鸡蛋。通过一系列的整饰后，最后形成了具有一定稳固性的鸡蛋盒。

案例四、三角形鸡蛋盒包装盒创意设计

1. 作品展示

本方案鸡蛋盒包装主要是针对鸡蛋而设计的，如图 6-75 所示。

图 6-75　鸡蛋盒实物图

2. 创新工艺与现实

（1）产品数据测量　根据客户所提供的产品，对产品进行数据的测量。测量的数据如表 6-2。

表 6-2　　　　　　　　　　本创新案例的设计对象的测量数据

数据 名称	长/mm	宽/mm	高/mm	重量/g	需要重点保护的部分
鸡蛋	25	25	60	70	全身

（2）瓦楞纸板原材料选用　根据产品的重量选择合适的瓦楞纸来制作产品的包装。瓦楞纸板主要三层、五层、七层，这里的展示架比较厚，建议选用三层瓦楞纸板或者五层瓦楞纸板为宜。

（3）设计图稿　根据具体的实物的尺寸和设计的构思，利用 CAD 等软件进行结构设计与尺寸标注，最后形成展示架的盖子结构尺寸图，如图 6-76；以及内部尺寸图，如图 6-77～图 6-80。

（4）实物打样　将设计好的图纸导入专用的瓦楞纸板结构打样机，调整好刀具、压轮等，完成切割打样，最后形成了不同层的样稿切割，如图 6-81～图 6-85 所示。上面开窗部分用剪刀进行裁剪成合适大小的透明纸，如图 6-86 所示。

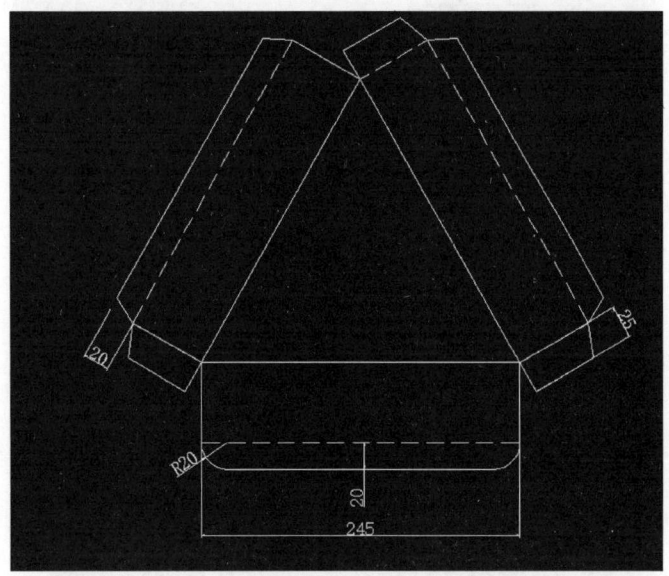

图 6-76 鸡蛋盒外包装盒的瓦楞裁切图纸

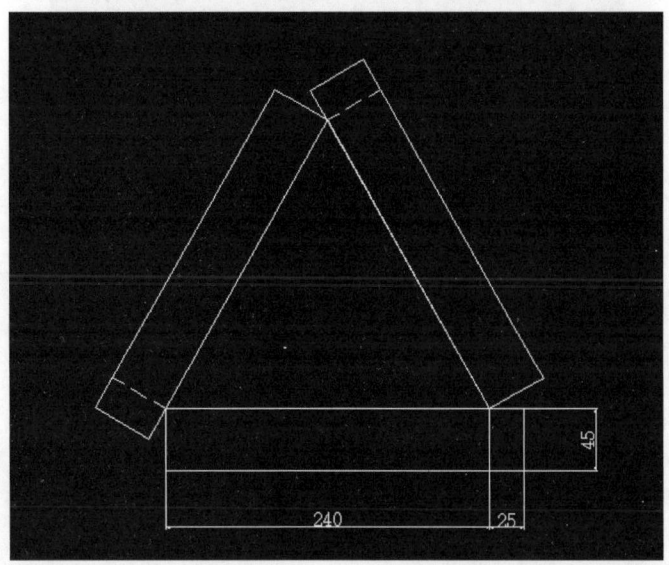

图 6-77 鸡蛋盒内底部的瓦楞裁切图纸

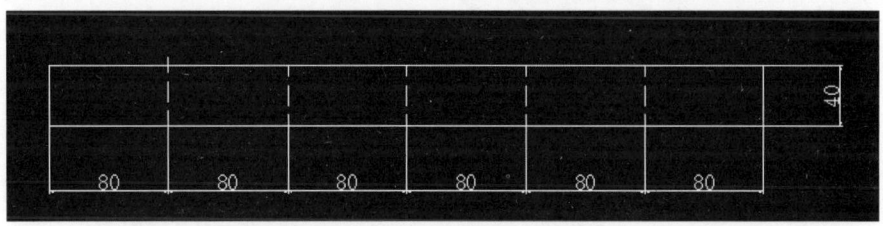

图 6-78 鸡蛋盒内隔板裁切图纸

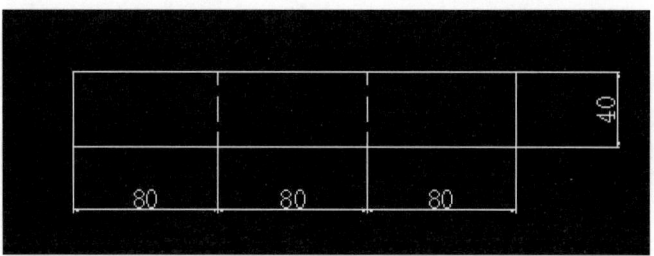

图 6-79 鸡蛋盒内剩余隔板裁切图纸

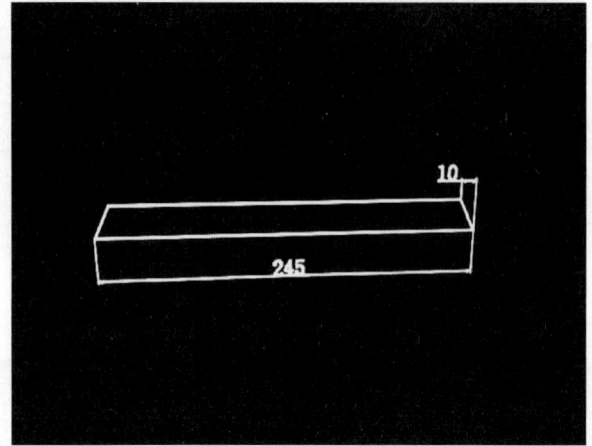

图 6-80 外包装牢固条图纸

图 6-81 外包装图纸

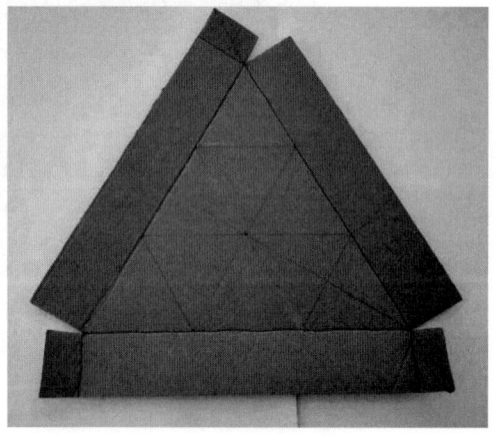

图 6-82 内部底部图纸

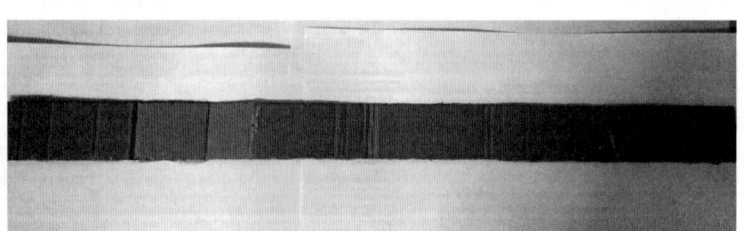

图 6-83 内隔板图纸

第六章 | 纸作品创意与设计　143

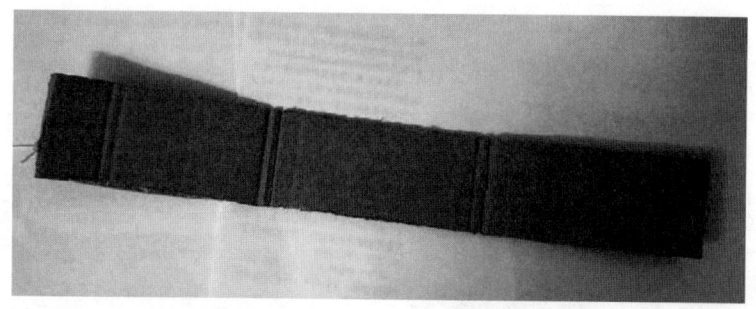

图 6-84　剩余内隔板

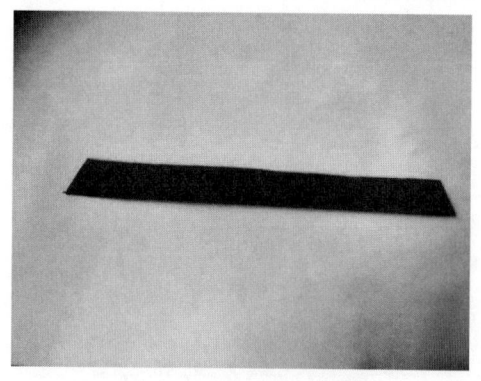

图 6-85　外包装牢固条图纸

图 6-86　上部开窗图纸

（5）粘贴复合　将打样出来的图纸进行黏合，贴合时候应先在纸张上均匀地抹上胶水，在下一层贴合的时候要注意与上一层纸张对齐，同时避免胶水溢出，如若溢出应尽快用毛巾擦去溢出的胶水。在黏合之前应该先在平稳的地面上铺上一张干净的纸张，避免在黏合的过程中，因胶水溢出导致杂物粘在作品上。细微部分双面胶进行黏合稳固。最终作品如图 6-87～图 6-92 所示。

图 6-87　内隔板贴合方式

图 6-88　剩余内隔板贴合方式

（6）成品与装饰　将鸡蛋放入其中，使其稳定安置。通过一系列的整饰后，最后形成了具有一定展示性的创新鸡蛋盒。

图 6-89　盒内部分贴合　　　　　　　　图 6-90　最外层贴合

图 6-91　开窗贴合　　　　　　　　　　图 6-92　外包装牢固条贴合

案例五、酒的包装盒创意设计

1. 设计的理念

酒瓶易碎，是一种易受到外界冲击而破碎的产品，因此包装设计过程中需要考虑到缓冲结构设计，使其能够更好地在物流过程中不受外界影响。本产品包装设计在盒底设计缓冲包装结构，主要作用是防止酒瓶在运输过程中因发生碰撞而碎裂，能够起到很好的保护作用，并且在盒子内部设计固定酒瓶的结构，使其不发生晃动。

2. 作品一

产品材质采用 E 型瓦楞纸板，产品包装整体效果图如图 6-93 所示。在设计中包装盒外侧由两片纸板折叠构成，目的是起到较好的保护作用，同时在包装盒外侧正面处镂空出一个酒瓶形状，便于消费者看到包装盒就想到里面的包装物内容。包装盒外部结构如图 6-94 所示，其生产设计图如图 6-95 所示。包装盒内部缓冲结构如图 6-96 所示，分上下两部分，起着固定酒瓶和缓冲的作用，其生产设计图如图 6-97 所示。

第六章｜纸作品创意与设计　145

图 6-93　包装盒成品展示图

图 6-94　包装盒外部结构

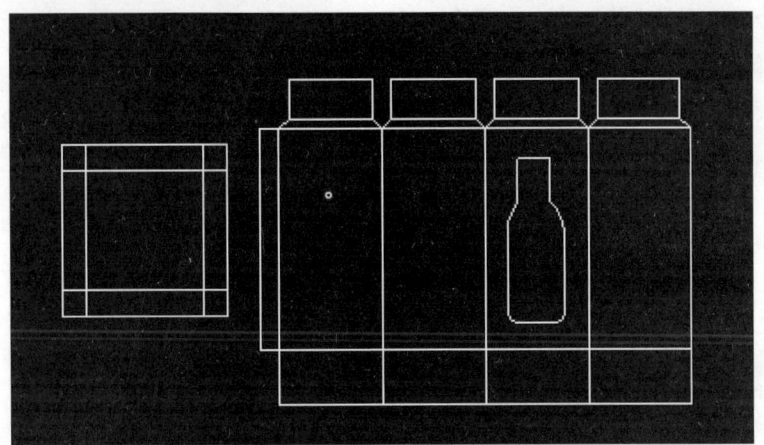

图 6-95　包装盒外部结构设计图

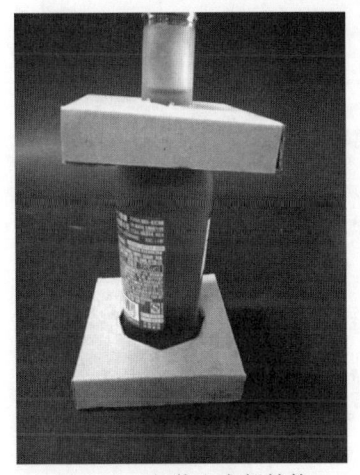

图 6-96　包装盒内部结构

图 6-97　包装盒内部结构设计图

3. 作品二

此款包装盒用于红酒的包装，其效果图如图 6-98 所示。在产品底部设计缓冲工字形，如图 6-99、图 6-100、图 6-101 所示，其主要作用是：首先，可以把产品底部固定，防止产品在纸箱内部晃动；其次，瓦楞纸板缓冲衬工字形垫结构顶部有缓冲垫可以缓解产品底部受到外界的冲击和振动。包装盒外部结构设计图如图 6-102 所示，内部结构设计图如图 6-103 所示。

图 6-98　包装盒成品展示图

图 6-99　包装盒内部结构展开图

图 6-100　包装盒内部结构图一

图 6-101　包装盒内部结构图二

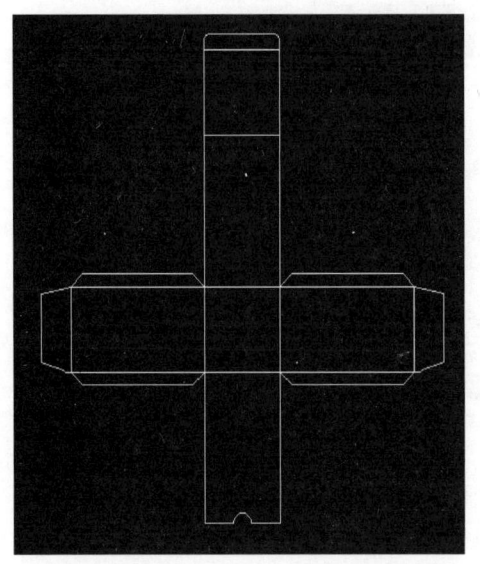

图 6-102　包装盒外部结构设计图

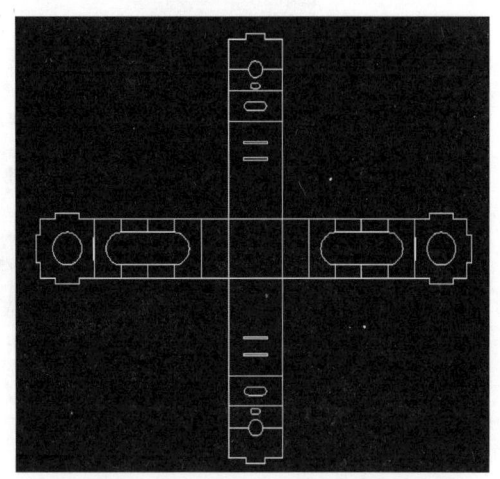

图 6-103　包装盒内部结构设计图

第三节　纸工艺品创意与设计

案例一、创新型茶具展示架

1. 设计的理念

包装的目的主要包括两个方面,其一是有效的保护商品,减少流通和仓储等环节的损坏;其二是展示商品,提高商品的档次和吸引力,增加销售效果。

纸质展架正是基于以上理念下的一款创新型设计方案,该方案主要针对传统的陶瓷或玻璃茶具进行创新设计。该方案设计的茶具展示架一方面具有良好的物理机械性能,能够很好地承载商品用于展示和摆放;另一方面由于选用的原材料为瓦楞纸板等,具有良好的环保性、易成形性、价格便宜等优点,具有广泛应用的可行性。

2. 作品展示

本方案茶具展示架主要针对具体的陶瓷茶杯和小茶壶而设计制作,如图 6-104 所示。

3. 创新工艺与实现

(1) 产品数据的测量　根据客户所提供的产品,对产品进行数据的测量。测量的数据如表 6-3。

表 6-3　　　　　　　　　　本创新案例的设计对象的测量数据

数据 名称	长/mm	宽/mm	高/mm	重量/g	需要重点保护的部分
茶壶	160	120	80	500	全身
茶杯	60	60	58	70	全身

图 6-104　茶具展示架实物图

（2）瓦楞纸板原材料选用　根据产品的重量选择合适的瓦楞纸来制作产品的包装。瓦楞纸板主要三层、五层、七层，这里的展示架比较厚，建议选用五层瓦楞纸板或者七层瓦楞纸板为宜。

（3）设计图稿　根据具体的实物的尺寸和设计的构思，利用 CAD 等软件进行结构设计与尺寸标注。最后形成展示架的正面结构尺寸图 6-105 和局部尺寸图 6-106。

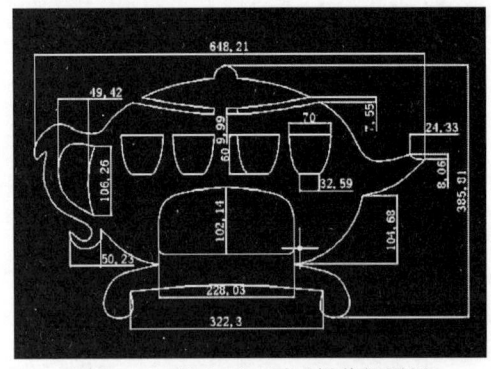

图 6-105　最上面一层瓦楞裁切图纸

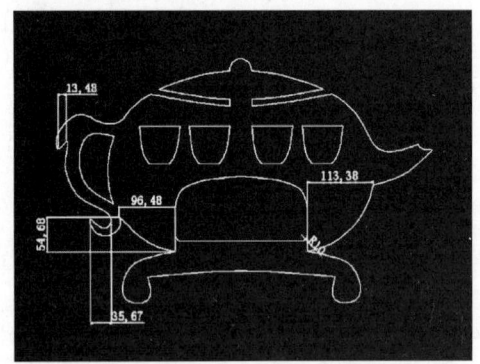

图 6-106　最上面一层设计稿剩余尺寸

（4）实物打样　将设计好的图纸导入专用的瓦楞纸板结构打样机，调整好刀具、压轮等，完成切割打样，最后形成了不同层的样稿切割，如图 6-107～图 6-109 所示。

图 6-107　底层纸张

图 6-108　最上面的图纸

(5) 粘贴复合　将打样出来的图纸进行黏合，贴合时候应先在纸张上均匀地抹上胶水，在下一层贴合的时候要注意与上一层纸张对齐，同时避免胶水溢出，如若溢出应尽快用毛巾擦去溢出的胶水。在黏合之前应该先在平稳的地面上铺上一张干净的纸张，避免在黏合的过程中，因胶水溢出导致杂物粘在作品上。最终作品如图 6-110、图 6-111 所示。

图 6-109　中间层的图纸

(6) 成品与装饰　壶的"眉毛"。将皱纹纸对折斜着剪两刀以后，将其摊开贴在四个杯子存放的中间让其成为"鼻子"。通过一系列的整饰后，最后形成了具有一定展示性的创新型纸质茶具展示架。

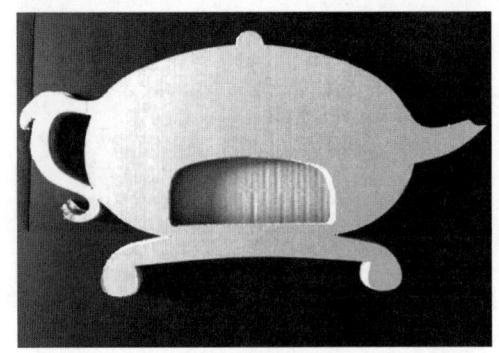

图 6-110　中间层贴合效果

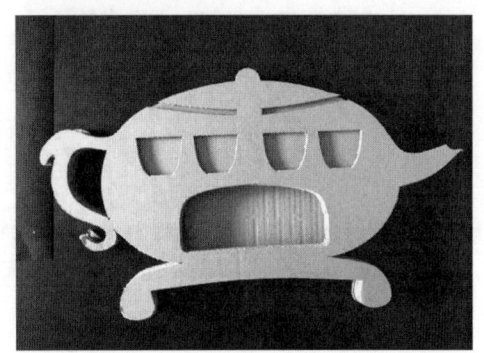

图 6-111　最上面层贴合效果

案例二、瓦楞纸板立体广告版画

1. 设计的理念

纸和纸板具有环保、来源广泛和易成型等优点，广泛应用在各类创新方案设计和造型设计中。

本创新设计方案是以纸护角，不同色泽的三层、五层、七层的瓦楞纸板，黏合剂等为主要原材料，进行创新创意设计。该纸质版画设计方案主要包括四大主要组成部分，边框设计与制作、底扎瓦楞纸板设计与制作、上层椭圆纸板层纸板设计与制作、文字设计与制作等。最后形成了具有立体效果的多层次及具有独特排列效果的瓦楞纸板立体广告版画，如图 6-112。该作品曾参加中国包装创意设计大赛，获得专业组三等奖。该类版面主要用于企业文化的宣传和展示，宣扬企业纸文化和纸创新设计。

2. 材料选用

材料选用主要包括硬质纸护角、不同层数的高强度瓦楞纸板、美工刀及黏合剂等材料和工具，如图 6-113、图 6-114。

图 6-112　瓦楞纸板立体广告版画及获奖

图 6-113　纸护角边框　　　　　　　　图 6-114　各类瓦楞纸板

3. 设计与制作

（1）边框设计与制作　本次创新设计与制作的边框选用 1.5mm 厚的纸护角进行设计与制作，该护角具有较好的硬度和成型效果。

（2）底托瓦楞纸板设计与制作　该底层托盘分为两层，下层为五层瓦楞纸板，尺寸和边框相同，上层为多层瓦楞纸条，高度有一定的差异，通过不同的方式排列，形成特定的纹理和不一样的视觉效果。

（3）上层椭圆纸板层纸板设计与制作　上层椭圆纸板也是两层组合，下层为椭圆的单面瓦楞纸板，配合边框，形成稳定的椭圆形，在其上方放置不同角度的单面瓦楞排列组合，与底部瓦楞搭配，通过不同角度的观察，形成强烈的视觉反差。

（4）文字设计与制作等　文字也是以瓦楞纸板为主要原材料进行设计与打样，在字的边缘进行包边，形成特殊的纹理和视觉效果。

案例三、瓦楞纸板立体广告版画（孔雀）

1. 设计理念

（1）利用瓦楞纸板的层层叠加，使作品更有层次感。

（2）使用彩色的瓦楞纸，使作品整体更加的鲜艳立体。

2. 所需材料

彩色瓦楞纸、三层瓦楞纸、剪刀、白乳胶、尺子、刻刀。

3. 作品设计与制作

制作底板：首先裁切一块瓦楞纸板，然后将要制作的作品孔雀图案画在裁切好的瓦楞纸板上。接下来进行创作。

（1）主要使用的瓦楞纸颜色为绿黄蓝三种颜色。

（2）我们将彩色瓦楞纸裁切为 0.5cm 的长条。

（3）孔雀羽毛部分的制作：将一条条裁切好的长条，卷成圆形或是水滴状等，按照自己的想法进行羽毛部分的纹理创作。

（4）最后用黑的瓦楞纸做版画的外框包装。

4. 作品效果图

将最终制作的作品，适当修正处理后，选择与之匹配的相框进行装裱，最终效果图如图 6-115。

图 6-115　作品效果图

案例四、瓦楞纸板立体版画《爱的小屋》

1. 设计理念

一件完整的绘画作品是多种综合因素构成的集成体，当它呈现在观者眼前时，观者通过其外在的形式，并结合以往的视觉经验，可以感受到作品的创作理念、表现形式、技术手段、文化内涵、精神价值等各个方面的因素，而观看的过程也是作品完成视觉传达的过程。

版画就是视觉艺术的一个重要门类。本次的剪贴纸版画，通过使用瓦楞纸以及彩色瓦楞纸拼贴而成，使原来的底稿产生不同的肌理，使画面更加富有变化。

2. 作品展示

本次版画主要使用瓦楞纸拼贴设计制作，如图 6-116 所示。

图 6-116　温馨小屋成品效果图

3. **制作过程**

（1）将厚瓦楞裁成适当的大小，如图 6-117 所示。

（2）将设计好的图文打印到底稿上。

（3）根据图稿底的结构和颜色选择和制作合适的纸条粘贴在厚瓦楞纸板上，过程如图 6-118、图 6-119。

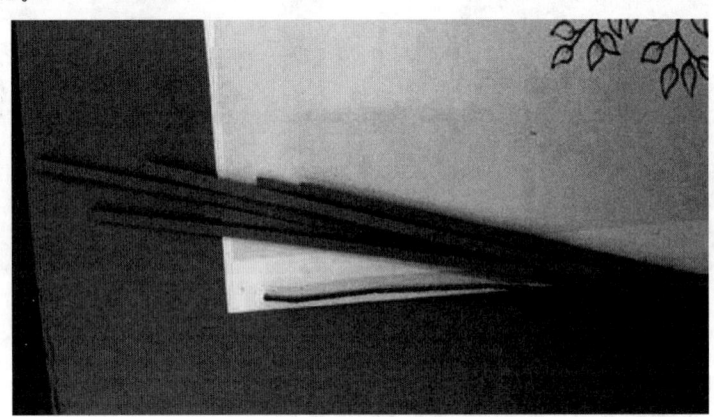

图 6-117　分切定宽的纸条

图 6-118　粘贴纸条过程图

（4）最后将设计制作好的纸版画装裱在相框中，方便展示。效果如图 6-120。

图 6-119　未装裱的效果图

图 6-120　装裱后的效果图

（5）通过测量裁剪制作树干，并使用白乳胶粘贴。

案例五、纸艺花瓶设计

1. 设计的理念

纸花瓶曲线优美，利用瓦楞纸板特殊的纹理来制作纸花瓶，使得花瓶充满绿色环保的艺术气息，这种纸质花瓶里插入装饰花既实用、美观又经济。

2. 作品展示

纸花瓶实物效果图如图 6-121 所示，一般选用三层瓦楞纸板制作较好，也可以采用其他的多层瓦楞纸板。如果花瓶规格较小，建议选用 E 型瓦楞纸板作为纸板材料；如果规格较大，可以选用 B 型或 C 型瓦楞纸板。

3. 纸花瓶的制作

首先根据花瓶的尺寸大小，利用 CAD 软件绘制其外轮廓图，其外轮廓图如图 6-122 所示。然后根据所选择的瓦楞纸板厚度，将花瓶主体分成 n 等分，等分后的图形如图 6-123 所示。

图 6-121　纸花瓶实物图

接着标注出等分线的二分之一长度尺寸，如图 6-124 所示，然后根据其标注的尺寸值为半径画圆。为了节省制作材料，可以利用大圆套小圆的方法，同时为了避免后期制作过程出现粘贴混乱，在每一个纸板圆片上标上代表粘贴顺序的数字，其生产图如图 6-125 所示。

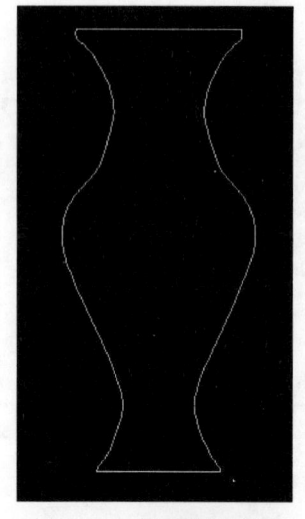

图 6-122 纸花瓶轮廓图

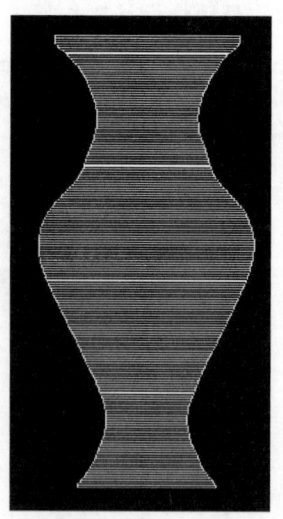

图 6-123 纸花瓶生产图一

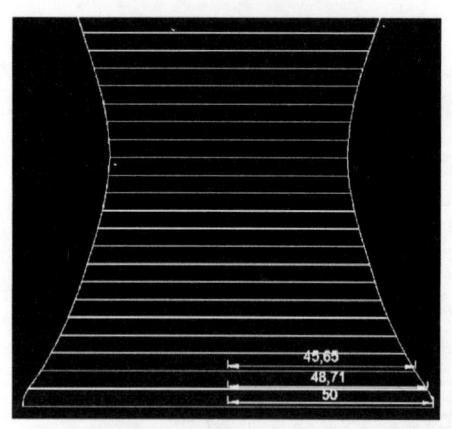

图 6-124 纸花瓶生产图二

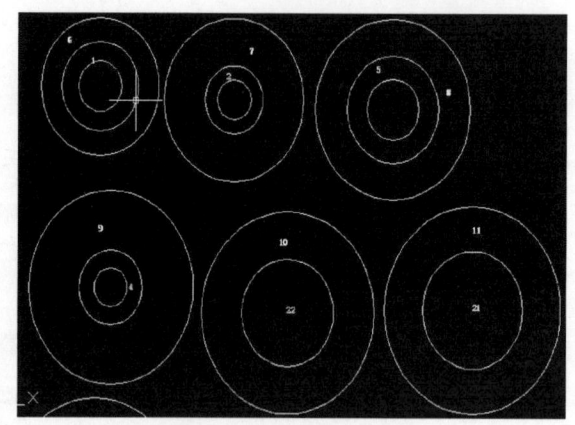

图 6-125 纸花瓶生产图三

案例六、纸艺品设计——如意格

1. 设计理念

如意格是一种可以很好展现物品的设计，可以单个展示，也可以多个如意格按不同的方式堆叠成不同的艺术效果来展示我们的工艺品。它由四个组件拼插而成，可拆卸，方便存放，不用时可以减少安放的空间。

2. 作品展示

如意格实物效果图如图 6-126 所示，一般选用 E 层瓦楞纸板制作较好。

3. 设计制作

根据设计要求绘制 CAD 结构图，如图 6-127。设计过程中一方面注意基本尺寸要求，另一方面要注意套合公差及内外尺寸混算等。

其次根据设计的尺寸，在结构打样机上完成加工。一般如意格组装步骤如图 6-128、

图 6-126 如意格实物图

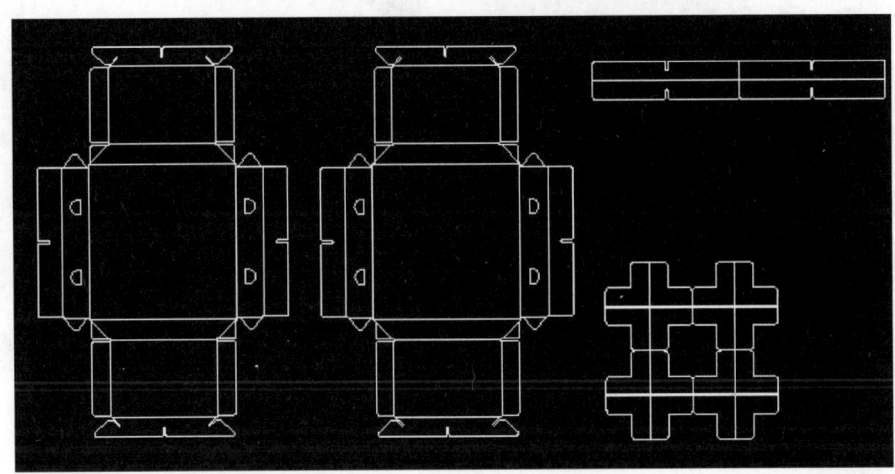

图 6-127 如意格设计展开图

图 6-129、图 6-130、图 6-131、图 6-132、图 6-133 所示。

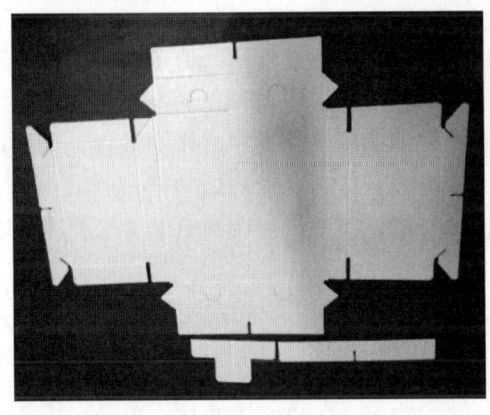

图 6-128 如意格主体展开图

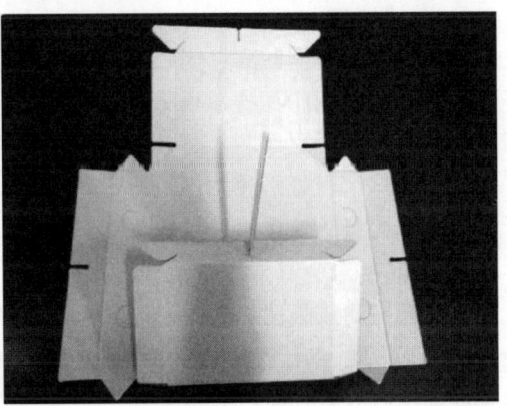

图 6-129 插入中间插舌

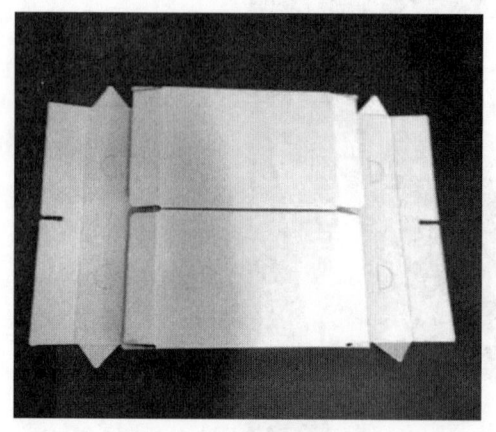

图 6-130 中部折叠完毕

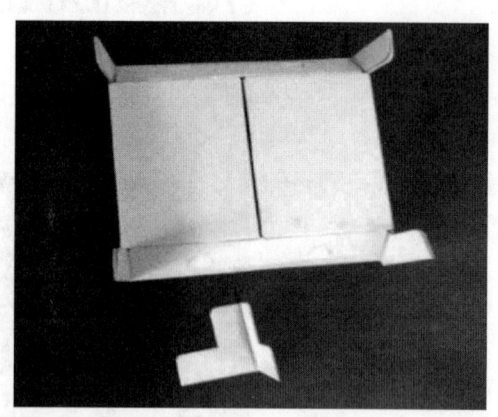

图 6-131 单个结构组装完毕

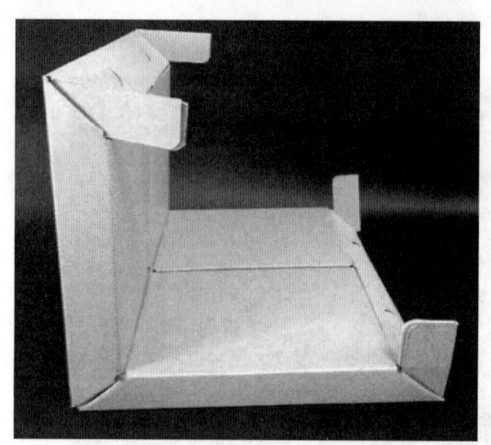

图 6-132 第二面组装完成正面图

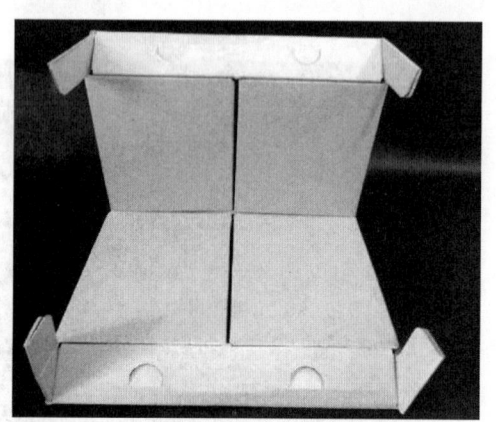

图 6-133 第二面组装完成侧面图

案例七、纸艺收纳盒设计

1. 设计理念

纸质收纳盒新潮时尚，绿色环保，方便实用，节省空间，可以随心所欲收纳各种衣物等生活小物件。利用瓦楞纸板来制作收纳盒，可以灵活拆装，不占任何的空间，而且收放简便，让家居生活更便利舒适，清爽整洁。利用传统的抽屉型的推拉盒作为该设计方案的基础，再根据纸板可折叠特性进行设计，使其更加美观和实用。废弃后的纸质收纳盒因其所有材质均为纸板，可以直接作为废纸进行回收再利用，因此纸质收纳盒非常绿色环保。

2. 作品展示一

收纳盒实物效果图如图 6-134 所示，收纳盒的尺寸规格为长 180mm、宽 150mm、高 280mm，收纳盒由上下两层抽屉构成，通过在抽屉处开一纸孔，方便打开抽屉，这样的结构设计不需要为抽屉打开增加任何附件，既节省了成本又方便产品制作。其盒型主体展开图如图 6-135 所示，为了增加纸盒的强度，主体结构中除了背面是由一层纸板构成，其余纸盒的上下及左右面都是由两层纸板构成。通过在主体增加中间隔板将上下两个抽屉分开,中间隔板同样采用了两层纸板的结构,其展开图如图 6-136 所示,最终主体组装成型图如图 6-137 所示。收纳盒的抽屉展开图如图 6-138 所示,收纳盒的组装成型图如图 6-139 所示。

图 6-134　收纳盒实物图

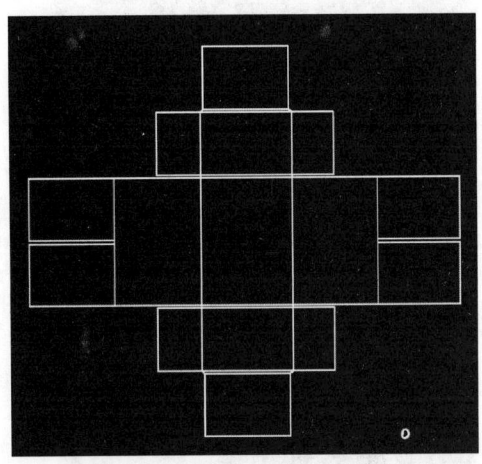

图 6-135　收纳盒主体展开图

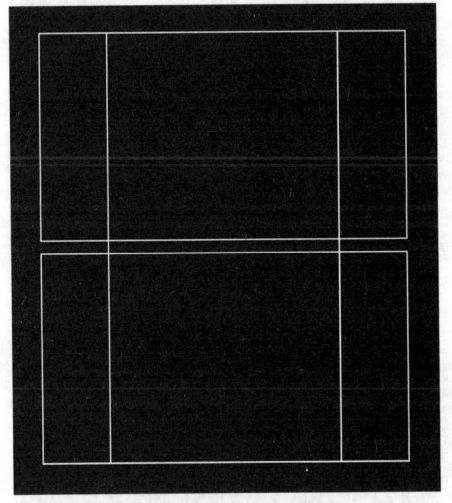

图 6-136　中间隔板展开图

图 6-137　主体组装成型图

3. 作品展示二

本作品收纳盒使用 E 型瓦楞纸板组合而成,其实物效果如图 6-140 所示。某些物品如图 6-141 所示,不能很好地分类,通过一大两小的格子设计结构能很好地对物品进行分类摆放,其效果图如图 6-142 所示。收纳盒大格设计展开图如图 6-143 所示,小格设计结构是在大格基础上通过在中间进行开槽,插入中间隔板,将大格分成两个小格,如图 6-144 所示。

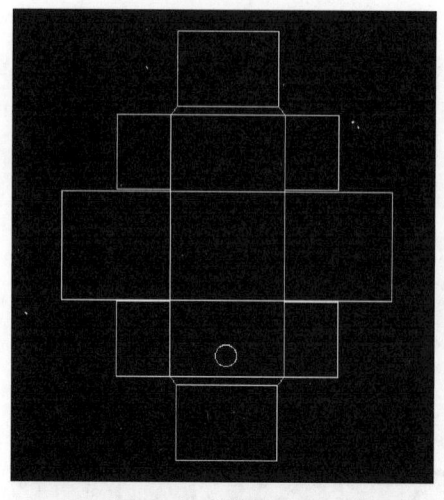

图 6-138　抽屉展开图

图 6-139　抽屉组装成型图

图 6-140　收纳盒实物图

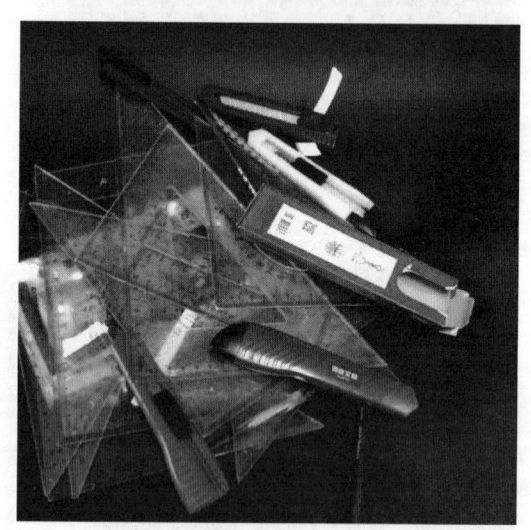

图 6-141　物品

图 6-142　物品分类摆放

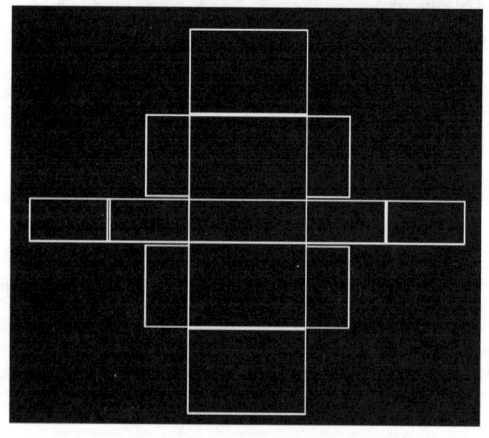

图 6-143　大格结构展开图

图 6-144　小格结构展开图

案例八、纸艺文件夹设计

1. 设计理念

纸质文件夹用于存放书籍,使书籍可以很好地保持竖立,不会倾倒,且方便拿取,外形美观。利用瓦楞纸板来制作桌面办公用品,可以使得我们的桌面既整齐有序,又拥有时尚个性。

2. 作品效果图展示

纸质文件夹实物效果图如图 6-145 所示,其展示效果图如图 6-146 所示,文件夹的展开图如图 6-147 所示。

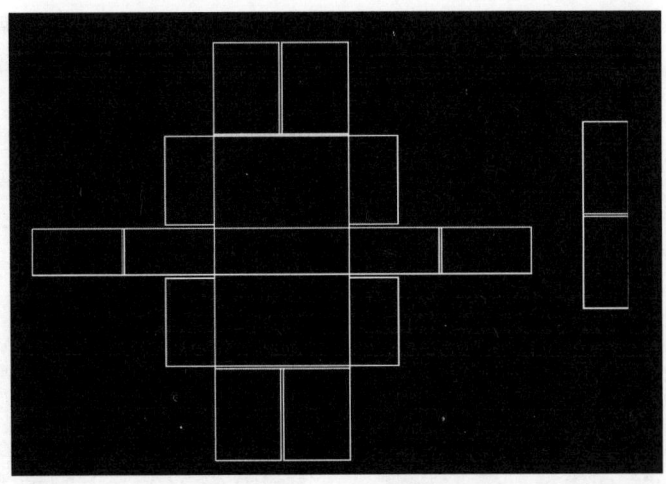

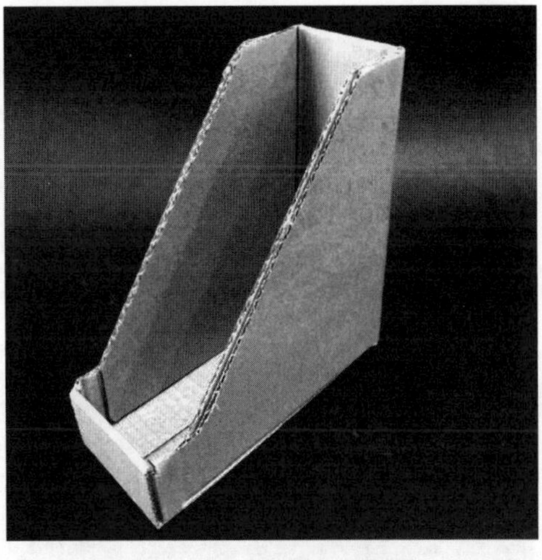

图 6-145　文件夹实物图

案例九、纸艺喜糖盒设计

1. 设计理念

喜糖是婚礼筹备中必不可少的东西,好的喜糖盒关系到婚礼的整体风格与气氛,也会让新人更有面子,它的艺术气息、文化气息、时尚气息更能彰显新人的个性与品位。

2. 作品一效果图展示

本作品设计灵感来自新娘乘坐的花轿,所以喜糖盒的主体结构为一顶花轿,如图 6-148 所示。

产品材质采用大红色的特种纸,花轿四周进行镂空,四面镂空的图形为"囍"字,如图 6-149 所示。盒子顶部采用蝴蝶扣式的锁口结构,加上花瓣的造型,整个盒子顶部形成

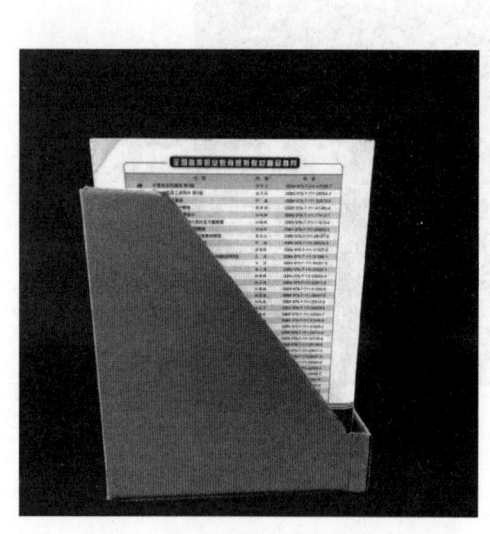

图 6-146 文件夹展示效果图

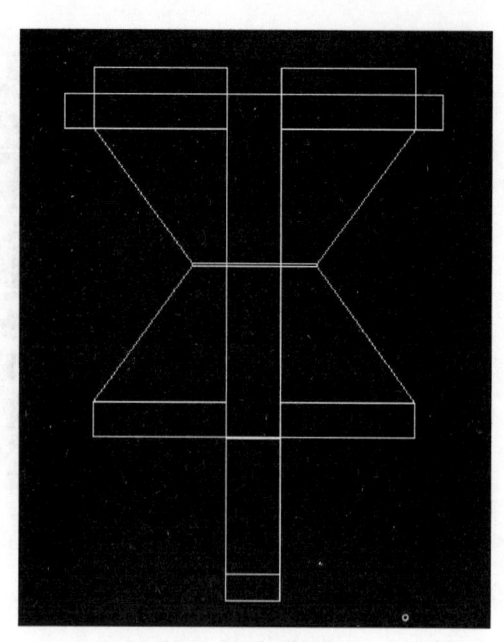

图 6-147 文件夹展开图

了一朵盛开的花型,如图 6-150 所示。盒子底部采用锁底式结构,如图 6-151 所示。喜糖盒整体设计展开图如图 6-152 所示。

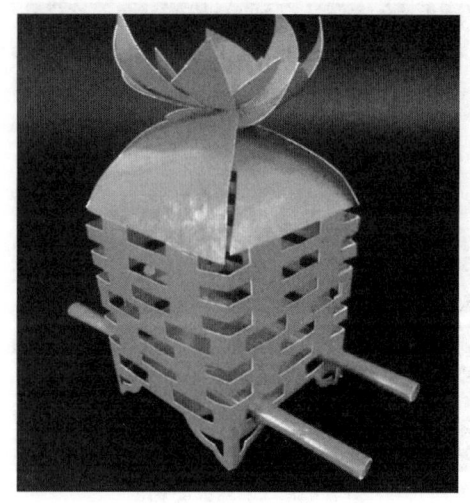

图 6-148 喜糖盒实物图

图 6-149 喜糖盒内部结构

3. 作品二效果图展示

本款喜糖盒采用在大红色的材质上加上镂空设计,所镂空的文字为"佳偶天成",这是对新人的美好祝福。整个喜糖盒成球状,好似新娘手中的绣球,球形也象征着新人生活美满,其实物如图 6-153 所示。喜糖盒的顶部及底部结构均采用蝴蝶扣式的锁口结构,如图 6-154 所示,其展开设计图如图 6-155 所示。

第六章 | 纸作品创意与设计

图 6-150 顶部结构

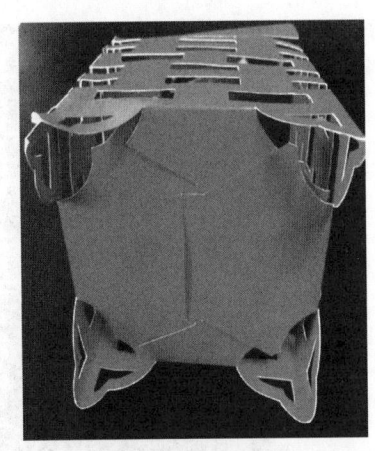

图 6-151 底部结构

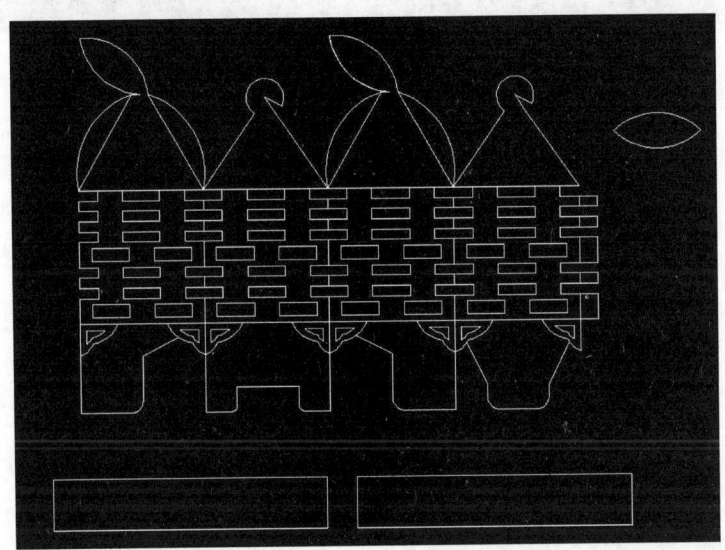

图 6-152 喜糖盒设计展开图

图 6-153 喜糖盒实物图

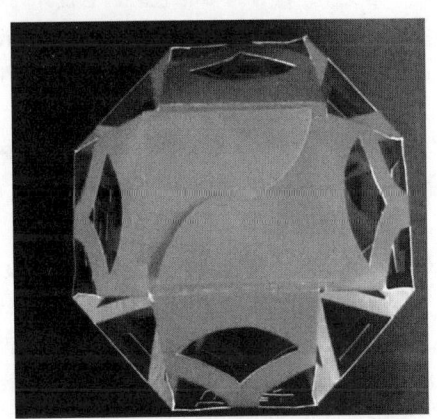

图 6-154 顶部结构

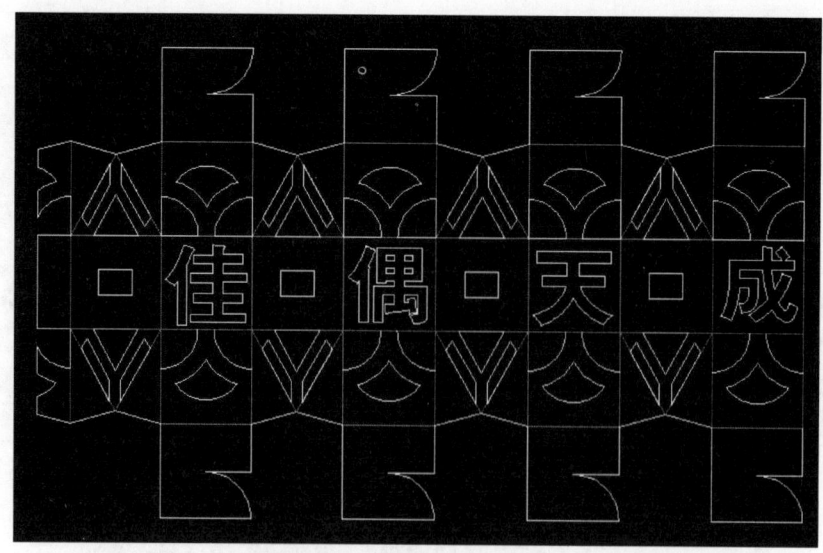

图 6-155 喜糖盒设计展开图

参 考 文 献

[1] 唐映梅. 交互设计在茶叶包装创意中的运用 [J]. 福建茶叶,2018,40(10):165.
[2] 陈向峰. 器物文化精神语境下包装的创意造型设计教学 [J]. 艺海,2018(07):140-141.
[3] 颜文明. 家具创意设计 [J]. 包装工程,2018,39(12):278.
[4] 赵嘉蕊,常馨予,王迎曦. 便携药品包装容器创意设计 [J]. 印刷技术,2017(11):24-26.
[5] 田乐媛. "茗羽心"铁观音茶叶包装创意设计 [D]. 湖南工业大学,2017.
[6] 乔治,巩利萍. 基于空间理论的"双面盒子"家具创意设计 [J]. 包装工程,2017,38(08):167-172.
[7] 谢艳虹. 动漫文化在儿童家具创意设计中的情感传递 [J]. 艺术研究,2016(04):54-55.
[8] 张芳. 从整体厨房家具造型设计看包装的创意设计 [J]. 戏剧之家,2016(07):172.
[9] 张林燕. 中国传统吉祥图案在包装中的创意设计 [J]. 中国包装工业,2015(23):74.
[10] 张林燕. 食品包装中的色彩创意设计 [J]. 中国包装工业,2015(21):85.
[11] 赵文平. 2017年中国包装创意设计大赛优秀作品赏析 [J]. 包装世界,2017(05):122.
[12] 李俊睿. 论儿童食品包装的造型创意设计 [D]. 南昌大学,2015.
[13] 黄磊. 纸质艺术设计在室内设计中的运用——评《纸品创意设计》 [J]. 中国造纸,2019,38(08):95.
[14] 徐思萌. 食品包装设计的趣味性创意研究 [D]. 中南民族大学,2015.
[15] 乔治,巩利萍. 基于空间理论的"双面盒子"家具创意设计 [J]. 包装工程,2017,38(08):167-172.
[16] 刘晓红. 2012年度"龙"家具创意设计大赛入围作品赏析 [J]. 家具与室内装饰,2013(07):84-89.
[17] 张恒. 龙家具创意设计大赛形象推广设计 [J]. 设计,2013(06):11.
[18] 李小丽. 现代室内设计中的家具创意设计——以武汉东湖小区玉溪住宅设计为例 [J]. 新乡学院学报(社会科学版),2010,24(04):160-162.
[19] 颜文明. 家具创意设计 [J]. 包装工程,2018,39(12):278.

［20］ 谢艳虹. 动漫文化在儿童家具创意设计中的情感传递［J］. 艺术研究，2016（04）：54-55.
［21］ 吴轲. 环保理念引导下的纸质家具设计探讨［J］. 西部皮革，2017，39（18）：97.
［22］ 刘晓红. 2012 年度"龙"家具创意设计大赛入围作品赏析［J］. 家具与室内装饰，2013（07）：84-89.